CHAYI YU CHADIAN
CHUANCHENG CHUANGXIN
GONGZUO SHOUCE

茶艺与茶点
传承创新工作手册

周小燕　冯明会◎主编

四川大学出版社

项目策划：梁　平
责任编辑：傅　奕
责任校对：陈　纯
封面设计：璞信文化
责任印制：王　炜

图书在版编目（CIP）数据

茶艺与茶点传承创新工作手册 / 周小燕，冯明会主
编 . — 成都：四川大学出版社，2020.12
ISBN 978-7-5690-4101-9

Ⅰ . ①茶… Ⅱ . ①周… ②冯… Ⅲ . ①茶艺—中国—
职业培训—教材 Ⅳ . ① TS971.21

中国版本图书馆 CIP 数据核字 (2021) 第 001958 号

书　名	茶艺与茶点传承创新工作手册
主　　编	周小燕　冯明会
出　　版	四川大学出版社
地　　址	成都市一环路南一段 24 号（610065）
发　　行	四川大学出版社
书　　号	ISBN 978-7-5690-4101-9
印前制作	四川胜翔数码印务设计有限公司
印　　刷	成都金龙印务有限责任公司
成品尺寸	170mm×240mm
印　　张	5.5
字　　数	104 千字
版　　次	2021 年 4 月第 1 版
印　　次	2021 年 4 月第 1 次印刷
定　　价	36.00 元

◆ 读者邮购本书，请与本社发行科联系。
　电话：(028)85408408/(028)85401670/
　(028)86408023　邮政编码：610065
◆ 本社图书如有印装质量问题，请寄回出版社调换。
◆ 网址：http://press.scu.edu.cn

四川大学出版社
微信公众号

编审委员会

顾　问

李　想　（四川旅游学院烹饪学院党总支副书记、院长，世界
　　　　中餐业联合会川菜专业委员会联合主席）

张　涛　（成都市茶业工会联合会主席、成都市茶楼行业协会
　　　　会长）

成　昱　（四川蒙山派茶文化传播有限公司总经理）

胡晓燕　（四川蒙山红茶业有限公司总经理）

陈锦江　（四川茶金整合营销公司总经理、四川茶馆协会监事长）

主　编

周小燕　（四川省成都市财贸职业高级中学校）

冯明会　（四川旅游学院）

副主编

杨喜花　（四川省成都市财贸职业高级中学校）

黄　英　（都江堰市职业中学）

何　茹　（四川省成都市财贸职业高级中学校）

主　审

文　琼　（成都职业技术学院）

统　稿

周小燕　（四川省成都市财贸职业高级中学校）

编　委

周小燕　（四川省成都市财贸职业高级中学校）

何 茹　（四川省成都市财贸职业高级中学校）

杨喜花　（四川省成都市财贸职业高级中学校）

何 燕　（四川省成都市财贸职业高级中学校）

陈 霞　（四川省成都市财贸职业高级中学校）

王雨霏　（四川省成都市财贸职业高级中学校）

江东杰　（四川省成都市财贸职业高级中学校）

禹雯昕　（四川省成都市财贸职业高级中学校）

杨 茂　（四川省成都市财贸职业高级中学校）

文 琼　（成都职业技术学院）

黄 英　（都江堰市职业中学）

李玉梅　（成都电子信息学校）

高 英　（江油市职业中学校）

杨春华　（四川旅游学院）

冯明会　（四川旅游学院）

李 丹　（宜宾职业技术学院）

胡晓燕　（四川蒙山红茶业有限公司）

陈锦江　（四川茶金整合营销公司）

杨 杰　（成都石化工业学校）

童 玲　（四川省贸易学校）

前　言

　　2018 年，为贯彻落实党的十九大精神，进一步推动现代职业教育体系建设，提升职业院校骨干教师队伍能力素质，着力培养一批职业教育名家大师，根据《教育部财政部关于实施职业院校教师素质提高计划（2017—2020 年）》（教师〔2016〕10 号）和《四川省教育厅关于深化职业教育教学改革全面提高人才培养质量的实施意见》等文件精神，四川省教育厅决定在我省职业院校和省级职教师资培养培训基地中遴选、建设"双师型"名师工作室（以下简称"工作室"）和紧缺领域教师技艺技能传承创新平台。我校（四川省成都市财贸职业高级中学校）参加遴选并成功申报四川省首批紧缺领域教师高星级饭店运营与管理专业（茶艺方向）技艺技能传承创新平台。本平台由我校周小燕老师担任主持人，带领平台老师开展新技术技能的开发与应用、产品研发与技术创新、传统（民族）技艺传承、实习实训资源开发、创新创业教育经验交流等团队研修活动。经过近三年的建设，积累了宝贵的经验，形成了本教材作为阶段性成果。

　　本教材是适用于茶艺与茶营销专业学习的一本"茶艺、茶点"技艺传承工作手册式教材。教材针对中高职旅游服务类专业，将"职业活动为导向、职业技能为核心"作为指导思想，以茶艺与茶点理论为基础，《国家职业技能标准——茶艺师》中三级及以上资格要求为标准，茶艺茶点技艺传承技术的操作标准为依据，将职业道德、茶叶基础知识、盖碗茶艺、长嘴壶茶艺、茶点制作基础知识和茶点制作操作流程等学习单元连贯起来，以帮助学生巩固茶艺茶点的相关理论知识，强化茶艺茶点基本功，培养学生的专业思维方式，树立良好的职业道德素养，提高对茶艺茶点技艺技能传承创新的能力，提升学生的文化自信，努力将学生培养成符合现代行业标准和具有高素质的茶艺与茶营销专业人才。

　　本教材具有以下特点：

　　（一）与时俱进的编写体系和风格

　　本教材在编写体系上进行了大胆的改革创新，采用当下流行的活页式教材形式，注重理论与技艺技能的有机结合。教材以工作手册的形式，明确学习目标、关键知识点和技能点，建立表格的样式，将每个项目和内容要点逐条罗列，并配以图片说明，还特别设置了二维码，以便学生扫码观看视频。教材图文并茂，简明扼要，重点突出，使学生能直观地了解茶艺茶点的操作过程和技术关键，使教师教学和学生学习时有标准可依，使教学内容、教学过程更加清晰易懂，能更好地适应教学的需要。

（二）具有代表性和创新性的技艺技能

本教材所选的技艺技能结合地域特征，与茶艺行业实际岗位工作的内容相匹配，从茶企业需求与茶艺行业实际领域的工作任务分析入手，按照茶艺与茶营销专业职业能力和职业素质要求，对茶艺与茶营销专业的教学内容进行合理甄选设计，注重能力培养。茶艺技艺技能风格各异，本教材精选了具有代表性的盖碗茶艺与长嘴壶茶艺技艺技能和最具创新性的 6 个西式茶点品种制作方法，既包含经典的传统茶艺技艺传承，又继承并发扬了四川特色茶文化与特色茶点的创新制作技法，地域特色突出。

（三）标准化的技艺技能操作流程

盖碗茶艺、长嘴壶茶艺技艺技能操作和西式茶点的制作都具有较高的技术要领标准和要求。本教材在编写过程中，请教了多位专家，力争做好对每一个技艺技能的精准验证和细化分解。同时，也对制作食材的配方进行了深入分析研究，将原料配方标准化，把操作方法和步骤细分提炼，基本上实现了标准化说明，使学生更易掌握，更有利于茶艺茶点的技艺技能传承创新。

本教材共有 6 个项目和 21 个任务内容，由四川省首批紧缺领域教师高星级饭店运营与管理专业（茶艺方向）技艺技能传承创新平台 20 位教师及行业专家共同参与编写完成。四川省成都市财贸职业高级中学校周小燕、四川旅游学院冯明会担任主编，成都职业技术学院文琼担任主审，四川省成都市财贸职业高级中学校杨喜花、何茹和都江堰市职业中学黄英担任副主编，其中项目一由四川省成都市财贸职业高级中学校江东杰编写，项目六由四川省成都市财贸职业高级中学校杨喜花编写，任务 2.1、任务 2.2、任务 4.1 和任务 4.3 由周小燕编写，任务 2.3 由成都电子信息学校李玉梅和宜宾职业技术学院李丹编写，任务 3.1 由四川省成都市财贸职业高级中学校何燕和陈霞编写，任务 3.2、任务 5.3 由四川省成都市财贸职业高级中学校王雨霏编写，任务 3.3 由成都电子信息学校李玉梅编写，任务 3.4 由都江堰市职业中学黄英和王雁翎编写，任务 4.2 由成都职业技术学院文琼编写，任务 5.1 由四川省成都市财贸职业高级中学校禹雯昕和杨喜花编写，任务 5.2 由都江堰市职业中学黄英、江油市职业中学校高英和四川省成都市财贸职业高级中学校周小燕编写，本教材由周小燕统稿。本教材图片、视频拍摄及整理由四川旅游学院冯明会、四川省成都市财贸职业高级中学校杨喜花和都江堰市职业中学黄英完成。四川旅游学院烹饪学院党总支副书记、院长，世界中餐业联合会川菜专业委员会联合主席李想，成都市茶业工会联合会主席，成都市茶楼行业协会会长张涛，四川蒙山派茶文化传播有限公司总经理成昱，四川蒙山红茶业有限公司总经理胡晓燕，四川茶金整合营销公司总经理，四川茶馆协会监事长陈锦江在编写过程中给予编写建议，在此一并表示感谢。

　　本教材在编写过程中得到了四川省成都市财贸职业高级中学校各级领导的大力支持。同时，参考借鉴了许多学者的研究成果，参阅了国内外有关书籍、报纸、杂志、网络等大量资料，在此感谢所有文献和著作的作者。教材的部分图片是以四川蒙山派茶文化传播有限公司员工和都江堰市职业学校的学生参与拍摄的，在此一并表示感谢。

　　由于时间仓促及编者水平有限，难免存在不足之处，敬请同行专家和广大读者提出宝贵意见，以便再版时臻于完善。

编者
2020 年 8 月

目　录

项目1 职业道德与素养

任务1.1 践行工匠精神，增强文化自信

【探·讨】

分　歧

在茶艺室轻柔的背景音乐中，茶艺师小慧正在泡茶。只见她凝神观察，一丝不苟，心中默默将每一次冲泡的时间记得清清楚楚。而茶艺师小敏则不同，她信奉"差不多"原则：水温差不多就行了，绿茶凉汤到80℃，差不多就行；茶量按标准是4g左右，她也通过自己的"手感"，差不多也行了。总之就是味道差不多就行了。很多时候客人来喝茶，都会觉得同一款茶的口味差距很大。她有时甚至还说道："我这叫创新，说不定还能把茶的口味泡得更好呢！"她看到小慧特别认真，还"好心"劝他："差不多就行啦，那么认真干什么呢？"

1. 你如何评价小敏的言论呢？和小伙伴们讨论一下吧！

2. 在未来的职业发展中，李翔和小敏，谁更有机会脱颖而出成为优秀的茶艺师呢？为什么？

寄　语：

做事就怕"认真"二字。茶艺本身就是技术和艺术的结合体。技术的训练需要精益求精的工匠精神。

【视·点】

一、践行工匠精神，增强文化自信

工匠精神（Craftsman's spirit）是一种职业精神。它是职业道德、职业能力、职业品质的体现，是从业者的一种职业价值取向和行为表现，是人们不断雕琢产品，改善工艺，对产品品质完美和极致的追求，是对精品执着坚持的一种精神品质。

工匠精神不是因循守旧，它是传承与创新的并存，是中华民族传统文化的沉淀与融合，更是浮躁社会所缺乏的一种坚定气质与坚守。耕读传家，从容独立，踏实务实，精致精细，执着专一，它是一种情怀，更是一份坚守，一份信念。

茶艺工匠精神，是指在茶艺学习和茶艺工作中，不断完善自己的知识体系，加强泡茶技术、品茶技艺、茶席设计、茶室布置、茶艺节目编排、茶点搭配等内容的实践追求，努力做到"精益求精"，以达到完美和极致的状态。

二、工匠精神基本内涵

工匠精神基本内涵包括敬业、精益、专注、创新等方面的内容。

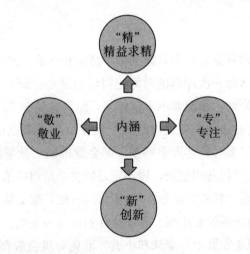

1. 敬业。

敬业是从业者基于对职业的敬畏和热爱而产生的一种全身心投入的认认真真、尽职尽责的职业精神状态。

2. 精益。

精益就是精益求精，是从业者对每件产品、每道工序都凝神聚力、精益求精、追求极致的职业品质。所谓精益求精，是指已经做得很好了，还要求做得更好。

3. 专注

专注就是内心笃定而着眼于细节的耐心、执着、坚持的精神，这是一切"大国工匠"所必须具备的精神特质。

4. 创新。

"工匠精神"还包括追求突破、追求革新的创新内蕴。

工匠精神，是一种匠心精神，是一种创新精神，是新时代人们需要的一种服务、一种诚信和一种品质。时代呼唤着，社会企盼着，千万个茶艺人更是准备着!

任务 1.2 遵守职业道德，注重食品安全

【探·讨】

兰兰是一家茶叶专卖店的茶艺师。每当有客人光顾的时候，兰兰总是热情招待，并服务周到，对于客人的任何问题都耐心细致的回答，为客人冲泡的茶汤也恰到好处。每天工作前，兰兰会细心地准备好当天要用的产品、茶具，下班前也会主动做好店里的清洁整理工作。兰兰的表现得到了领导的好评，公司还主动为她加了工资。

1. 兰兰得到领导好评，并被加工资，源自什么呢?
2. 如果你是单位领导，兰兰的哪些行为值得你赞赏?
3. 从兰兰身上，你学到了什么?

寄语：

兰兰之所以能够得到认可，在于她熟练地掌握了茶事服务的技巧，并在自己的岗位上，坚守岗位职责和职业道德，做到了爱岗敬业。爱岗敬业就是我们要遵守的最起码的职业道德。

【视·点】

一、遵守职业道德，立足岗位成才

茶艺师的职业道德在整个茶艺工作中具有重要的作用，它不仅包括具体的职业道德要求，而且还包括反映职业道德本质特征的道德原则，反映了道德在茶艺工作中的特殊内容和要求。只有在正确地理解和把握职业道德原则的前提下，才能加深对职业道德要求的理解，才能自觉地按照职业道德的具体要求去做。

茶艺师的职业守则，是职业道德的基本要求在茶艺服务活动中的具体体

现，也是职业道德基本原则的具体化和补充。因此，茶艺师职业守则既是每个茶艺人员在茶艺服务活动中必须遵循的行为规范，又是人们评判每个茶艺人员职业道德行为的标准。

（一）热爱专业，忠于职守

热爱专业是职业守则的首要一条，只有对本职工作充满热爱，才能积极、主动、创造性地去工作。茶艺工作是经济活动的一个组成部分，做好茶艺工作，对促进茶文化的发展、市场的繁荣，满足消费，促进社会物质文明和精神文明的发展，加强与世界各国人民的友谊等方面，都有重要的现实意义。因此，茶艺人员要充分认识茶艺工作的价值，热爱茶艺工作，了解本职业的岗位职责、要求，以高水平做好茶艺服务。

（二）遵纪守法，文明经营

茶艺工作也有职业纪律的要求。所谓职业纪律是指茶艺从业人员在茶艺服务活动中必须遵守的行为准则，它是正常进行茶艺服务活动和履行职业守则的保证。

职业纪律包括了劳动、组织、财物等方面的要求。所以，茶艺人员在服务过程中要有服从意识，听从指挥和安排，使工作处于有序状态，并严格执行各项制度，如考勤制度、安全制度等，以确保工作成效。茶艺人员每天都会与钱物打交道，因此要做到不侵占公物、公款，爱惜公共财物，维护集体利益等。

此外，满足服务对象的需求是茶艺工作的最终目的。茶艺人员要在维护品茶客人利益的基础上方便宾客、服务宾客，为宾客排忧解难，做到文明经营。

（三）礼貌待客，热情服务

礼貌待客、热情服务是茶艺工作最重要的业务要求和行为规范之一，也是茶艺人员职业道德的基本要求之一。它体现出茶艺人员对工作的积极态度和对他人的尊重，这也是做好茶艺工作的基本条件。要做好礼貌待客，热情服务需要做到以下四点：

1. 语言文明；
2. 仪容端庄；
3. 尽心尽职；
4. 态度热情。

（四）真诚守信，一丝不苟

真诚守信和一丝不苟是做人的基本准则，也是一种社会公德。对茶艺人员来说它是一种职业态度，它的基本作用是树立自己的信誉，树立起值得他人信赖的道德形象。一个茶艺馆，如果不重视茶品的质量，不注重为品茶的客人服务，只是一味地追求经济利益，那么这个茶艺馆将会信誉扫地；反之，则会赢得更多的宾客，也会在竞争中占据优势。

（五）钻研业务，精益求精

钻研业务、精益求精是对茶艺人员在业务上的要求。要为品茶的客人提供优质服务，使茶文化得到进一步发展，就必须有丰富的业务知识和高超的操作技能。因此，自觉钻研业务、精益求精就成了一种必然要求。如果只有做好茶艺工作的愿望而没有做好茶艺工作的技能，那是无济于事的。

【探·讨】

茶艺馆中，茶艺师小丁正在为客人准备茶饮。突然，她一不小心，手碰到了玻璃茶杯的杯口上。尽管这时店里只有她一人，没有别人看到，而且小丁的手也刚刚清洗过，但她还是决定更换一只新的茶杯。

1. 如果你是小丁，你会选择更换吗？
2. 如果你是小丁服务的顾客，你期望她给你更换吗？
3. 谈谈你对这个案例有何体会？

寄语：

作为顾客，我们都非常希望小丁能够为我们更换杯子。但是如果我们作为茶事服务人员，在无人监督的情况下，我们是否还能坚持食品安全卫生理念，将杯子给更换了呢？茶艺师，作为食品行业从业者，如果没有食品安全与卫生理念，那将对自己的职业造成巨大的负面影响。

【视·点】

一、茶艺岗位食品安全与卫生

根据《食品安全法》第九十九条，"食品"的定义如下："食品，指各种供人食用或者饮用的成品和原料以及按照传统既是食品又是药品的物品，但是不包括以治疗为目的的物品。"茶作为世界三大无酒精饮料之首，也是人们重要的食品之一。

茶事服务，是备料、冲泡、品饮等诸多过程的综合，其卫生问题不容小觑。茶原料的存放区域卫生、冲泡前器具的清洁消毒、冲泡过程中的器具卫生、茶室卫生整理整洁等，都属于食品卫生的范畴。茶艺师，作为食品行业从业者，如果没有食品安全与卫生理念，那将对自己的职业造成巨大的负面影响。

（一）注意茶原料的安全与卫生

1. 关注茶的原料选用，是否原料出现发霉、变质等问题；
2. 关注茶品储藏的问题，是否因为温度、湿度，导致茶品变性变质；
3. 关注茶品储藏地的安全卫生，是否有鼠患、蟑螂等虫害。

（二）注意茶具的安全与卫生

1. 使用前要用沸腾的水进行烫洗；茶具使用后要及时清洗，将附着其上的茶渍清理干净；
2. 茶具、茶巾应定期用紫外线或者消毒柜进行消毒；
3. 必要时，可将茶具、茶巾进行高温煮洗消毒杀菌；
4. 茶台应每天进行清洁。

（三）茶事服务时

1. 注意双手的清洁。进行茶事服务前必须要保证双手清洁。
2. 在取茶叶的时候，不要用手进行直接的抓取，而应该用茶匙将茶叶取出至赏茶盒。取完茶叶后，应该将茶密封，以免受潮、窜味儿。
3. 为客人端取茶杯、盘子时，应尽量避免触摸杯口和盘口。最好的方式是采用工具进行端取。
4. 为客人提供茶点时，还应向客人提供相应的夹取工具，如筷子、叉子、夹子等。切勿让客人用手直接拿取。

项目 2 茶叶基础知识

任务 2.1 茶的历史与文化

名称：

茶的历史与文化

适用课程：

茶艺服务与管理、茶营销与管理、茶艺馆经营与管理、茶道养生、饭店服务与管理

关键词：

茶的发现与利用、茶的历史与文化

教学目标：

知识目标	1. 掌握茶是如何被发现与利用的； 2. 掌握茶的历史与文化发展脉络，熟悉各个历史时期茶文化发展的特点
技能目标	能够理论与实践相结合，学会区分不同历史时期茶文化发展的特点
思政目标	1. 培养学生相互协作及合作的意识； 2. 训练学生巧妙构思，提高学生的创新创业的技能； 3. 学生在自主的学习中区分不同历史时期茶文化发展的特点，培养其精益求精的工匠精神； 4. 说出茶的发现与利用、各个历史时期茶文化发展的特点来获得认同感，建立信心，提升自身的专业能力及专业素养

涉及知识点：

茶的发现与利用、茶的历史与文化

涉及技能点：

区分各个历史时期茶文化发展的特点

知识详解：

茶叶种类及特点			
时期	阶段	知识要领	图片
神农时期	起源	中国是最早发现和利用茶的国家，距今有五千多年的历史。茶叶的发展与利用大约经过了三个阶段，即：药用——食用——饮用	
两晋、南北朝	茶文化的萌芽阶段	张载的《登成都楼诗》对茶饮、茶事进行了描述，茶从简单的饮品被赋予了文化品位，中国茶文化在此阶段逐步萌芽	
唐代	茶文化的形成期	唐代陆羽在长期的茶事实践活动中，写成世界上第一本茶学专著《茶经》，成为茶文化形成的里程碑，极大地推动了茶文化的发展	
宋代	茶文化盛行期	宋代，全国各地设立茶市，宫廷中已设立茶事机关，宫廷用茶已分等级，茶仪已成礼制，士大夫贵族品茗、斗茶蔚成风气，饮茶成为庄严的高层次休闲活动	
元、明、清	茶文化进一步发展期	明朝将团茶改为叶茶，使得饮茶更为方便，嗜好茶叶者普及于寻常百姓家。清代，尤其是清末民间，城市茶馆兴起，并发展成为适合社会各阶层所需的活动场所，形成了一种特殊的"茶馆文化"，"客来敬茶"也已成为寻常百姓的礼仪美德	

任务 2.2　茶叶种类及特点

名称：

茶叶种类及特点

适用课程：

茶艺服务与管理、茶营销与管理、茶艺馆经营与管理、茶道养生、饭店服务与管理

关键词：

茶叶种类及特点

教学目标：

知识目标	1. 掌握茶叶种类及特点、了解并熟悉国内外代表名茶 2. 掌握茶叶的辨别与选购的步骤与方法
技能目标	能够理论与实践相结合，学会辨别茶叶种类及特点，能进行茶叶的辨别与选购
思政目标	1. 培养学生相互协作及合作的意识； 2. 训练学生巧妙构思，提高学生的创新创业的技能； 3. 学生在自主的学习中领会茶叶辨别的关键点，培养其精益求精的工匠精神； 4. 亲自辨别茶叶、说出茶叶种类及特点来获得认同感，建立信心，提升自身的专业能力及专业素养

涉及知识点：

茶叶种类及特点、代表名茶、茶叶的辨别与选购

涉及技能点：

茶叶的辨别与选购

知识详解：

一、茶叶种类及特点				
种类	工艺	特点	代表名茶	图片
绿茶	杀青、不发酵	中国产量最多。茶叶翠绿色，茶汤绿黄色，滋味鲜爽回甘	代表名茶：西湖龙井、碧螺春、黄山毛峰、六安瓜片、蒙顶甘露、峨眉竹叶青	

种类	工艺	特点	代表名茶	图片
红茶	全发酵	世界上产量最多，销量最大。茶叶颜色是红褐色，泡出来的茶汤又呈红色，味道温和甜醇	国内代表名茶：安徽祁红、滇红、宁红、川红等。国际四大红茶：祁门红茶、大吉岭红茶、锡兰高地红茶、阿萨姆红茶	
青茶	俗称乌龙茶，半发酵，结合绿茶和红茶的制作工艺	茶汤是蜜绿色或蜜黄色，既有绿茶的清香又有红茶的醇厚	代表名茶：冻顶乌龙、安溪铁观音、凤凰单从、大红袍等	
黄茶	由于杀青、揉捻后干燥不足或不及时，叶色变黄，于是产生的新的茶品。	黄色是制茶过程中进行闷堆渥黄的结果：黄叶黄汤	代表名茶：蒙顶黄芽、霍山黄芽、君山银针、北港毛尖、平阳黄汤等	
白茶	不炒不揉，自然萎凋干燥	外形芽毫完整，满身披毫，毫香清鲜，汤色黄绿清澈，滋味清淡回甘	代表名茶：白毫银针、白牡丹、贡眉、寿眉	
黑茶	后发酵	我国特有的茶类，一般原料较粗老，制造过程中往往堆积发酵时间较长，因而叶色油黑或黑褐，故称黑茶	代表名茶：云南普洱茶、安化黑茶、六堡散茶、康砖等	
再加工茶类	以各种毛茶或精制茶再加工而成的称为再加工茶	再加工茶类代表茉莉花茶，香气鲜灵浓郁，滋味浓醇鲜爽，汤色明亮	代表名茶：花茶、萃取茶、香味果味茶、药用保健茶及含茶饮料等	

二、茶叶的辨别与选购

想要辨别出茶叶的好坏，购买到品质好的茶叶，需要从五个方面下手，具体辨别方法如下：

1. 看茶叶的形状

好茶的外形应该整齐均匀一致，无或少有茶末、碎茶等其他杂质。

2. 看茶叶的色泽

每成品茶都有其标准的色泽，一般来说，纯净而润泽为好。好茶叶颜色均匀，粗细一致，光泽自然，还应与该品种要求相符，如红茶是红褐色，绿茶是崭新绿色，花茶为褐绿色。

3. 闻茶叶的香味

香气也是决定茶叶品质的主要条件之一，质量好的茶叶，一般都香味新鲜纯正，芬芳高扬，非常好闻。若茶叶有异味，或是有些刺鼻的浓香，则不是好茶叶。另外，各种花茶均应有自己独特的正常香气，如茉莉花茶应具茉莉香气，玉兰、珠兰花茶应具玉兰、珠兰香气。

4. 品茶叶的滋味

茶叶种类不同，其滋味也各不相同。有的清香醇和，有的稍带苦涩，有的则讲究甘润回味。总的来说，以少许苦涩、带有甘醇味，能让口腔有充足的喉韵者为好茶。若有过重的苦涩味、陈旧味或火味，回甘不强则非好茶。

5. 观茶叶的叶底

品完茶后，再认真观察叶底。若叶底形状整齐，茶芽完整，茶叶能自然舒展开来，肥厚而富弹性，色泽鲜活明亮，且油润有光，则为好茶。

如果想辨别出茶叶好坏，除了从上述的方法，综合衡量茶叶品质外，建议选择一些有品牌的正品茶叶

任务 2.3　水与器的选择

名称：

水与器的选择

适用课程：

茶艺服务与管理、茶营销与管理、茶艺馆经营与管理、茶道养生、饭店服务与管理

关键词：

水与器的选择、冲泡的要素

教学目标：

知识目标	1. 掌握水与器的选择方法； 2. 掌握冲泡的要素
技能目标	能够理论与实践相结合，学会正确选择水与器，能按照冲泡的要素泡出一杯好茶
思政目标	1. 培养学生相互协作及合作的意识； 2. 训练学生巧妙构思，提高学生的创新创业的技能； 3. 培养对中国茶文化喜爱和认知，提升个人文化修养

涉及知识点：

水与器的选择、冲泡要素

涉及技能点：

选择合适的水与器、冲泡要素

一、水与器的选择		
项目	要点	图片
宜茶之水	泡茶用水十分重要，好水可提升茶叶品质。宜茶之水的标准：水质要清、活、甘、轻、冽。目前，纯净水和优质的矿泉水成为首选的泡茶用水	
备水器具	1. 净水器、饮水机：贮水； 2. 随手泡、电热水壶等：烧水	
泡茶器具	1. 茶叶罐：用于存放茶叶	
	2. 茶道组合：用于取茶入壶（茶匙、茶则、茶漏）或取杯（茶夹），疏通壶嘴（茶针）	

续表

项目	要点	图片
泡茶器具	3. 茶荷：放置待泡之茶或使之便于观赏	
	4. 茶杯、茶壶、盖碗等，用于泡茶	
	5. 茶滤与茶滤架：茶滤，过滤茶渣。茶滤架，放置汤滤	
品茗器具	1. 品茗杯：品饮茶汤； 2. 闻香杯：嗅闻茶香； 3. 公道杯（茶海）：放置茶汤以使其均匀	
其他	1. 茶巾：抹干茶壶和品茗杯底、茶盘等上的残水，或用于托垫茶具； 2. 奉茶盘：盛放茶杯、品茗杯、茶食等以端送给品茗者； 3. 水盂：盛放废水等； 4. 茶刀：松解紧压茶	

二、冲泡要素

盖碗茶的冲泡要素包括茶叶的用量、泡茶的水温和浸泡的时间。

1. 茶叶的用量

茶叶的用量没有统一标准，可以根据茶叶种类、茶具大小及饮用习惯来确定。茶与水比例的关键：茶多水少则味浓；茶少水多则味淡。一般而言，红茶、绿茶与水的比例 1：50—1：60；普洱茶与水的比例 1：20；乌龙茶与水的比例：茶壶的二分之一或三分之一。

2. 泡茶的水温

一般说来，泡茶水温的高低，与茶叶种类及制茶原料密切相关。而且，水温与茶叶中有效成分在水中的溶解度呈正比，水温越高，溶解度越大，茶汤越浓；反之水温越低，溶解度越小，茶汤越淡。泡茶水温的掌握：

绿茶：不能用 100℃ 的沸水，一般用 75—80℃ 的水，茶越嫩越低，这样汤色明亮、嫩绿，滋味鲜爽，维生素不易破坏；高温茶汤易变黄，滋味较苦，破坏维生素。

花茶、红茶或中低档绿茶：用 85—90℃ 的水冲泡；

乌龙茶：用 95℃ 以上的水冲泡；

普洱茶、各种沱茶：必须用 100℃ 的沸水冲泡。

3. 浸泡的时间

人们对茶叶内所含有的有效成分能够利用到多少，与茶叶浸泡时间的长短关系很大。浸泡的时间与茶叶种类、泡茶水温、用茶数量和饮茶习惯有关，水温高，用茶多，冲泡时间宜长。水温低，用茶少，冲泡时间宜短，对一般普通等级红茶、绿茶来说，浸泡三分钟左右饮用，就能获得最佳的味感。

项目 3 盖碗茶艺

任务 3.1 盖碗的历史与文化

名称：

盖碗的历史与文化

适用课程：

茶艺服务与管理、茶营销与管理、茶艺馆经营与管理、茶道养生、饭店服务与管理

关键词：

盖碗的来历、盖碗的使用和选购

教学目标：

知识目标	了解盖碗的来历、掌握盖碗的使用和选购方法
技能目标	能够理论与实践相结合，能正确使用盖碗，会选购合适的盖碗
思政目标	1. 培养学生相互协作及合作的意识； 2. 培养其精益求精的工匠精神； 3. 建立信心，提升自身的专业能力及专业素养

涉及知识点：

盖碗的来历、盖碗的使用和选购

涉及技能点：

盖碗的使用和选购

知识详解：

项目名称	内容要点	图片
盖碗的来历	盖碗茶，又被称为"三才碗""三才杯"，是一种上有盖、下有托，中有碗的茶具。盖为天、托为地、碗为人，指天地人和之意。 　　"茶托"又称"茶船"，关于其发明还有一则传说故事：据说唐代宗宝应年间，有一姓崔的官员，爱好饮茶，其女也有同好，且聪颖异常。因茶盏注入茶汤后，饮茶时很烫手，殊感不便，其女便想出一法，取一小碟垫托在盏下。但刚要喝时，杯子却滑动倾倒，遂又想一法，用蜡在碟中作成一茶盏底大小的圆环，用以固定菜盏，这样饮茶时，茶盏既不会倾倒，又不致烫手。后来又让漆工做成了漆制品，称为"盏托"。 　　此种一盏一托式的茶盏，既实用，又增添了茶盏的装饰效果，给人以庄重之感，遂世代流传至今	
盖碗的使用	盖碗主要用来泡茶，也可以当作品茗杯使用。用盖碗品茶时，揭开碗盖，先嗅盖香，再闻茶香，然后用盖撩拨飘浮在茶汤上的茶叶，方便饮用。需要注意的是，在使用盖碗品茶时，碗盖、碗身、碗托三者不应分开使用，否则既不礼貌也不美观。还有就是不要频繁地掀盖闻香；闻香时，不要将杯盖碰到鼻子	
盖碗的选购	1. 盖碗有紫砂、瓷质、玻璃等质地，以各种花色的瓷质盖碗为多。选购时首先要考虑瓷胎薄的茶碗，吸热少，茶碗高温度能激发茶叶的茶性和茶香，更入味。 　　2. 其次要考虑实用稳当趁手。盖碗杯口的外翻弧度越大就越容易拿取，并且不易烫手。盖碗上大狭小，喝茶时不会随意滑动，还不易烫手。 　　3. 在容量上，一般以 120—150 毫升的盖碗为宜，轻巧的盖碗容易把握。除此之外，还要注意碗口的外向延伸弧度，以及碗口和碗盖的吻合度	

任务 3.2　盖碗茶艺表演的基本要求

名称：

盖碗茶艺表演人员的要求、场地要求及设施设备要求

适用课程：

茶艺服务与管理、茶营销与管理、茶艺馆经营与管理、茶道养生、饭店服务与管理

关键词：

人员的要求、场地要求及设施设备要求

教学目标：

知识目标	掌握盖碗茶艺表演人员的要求、场地要求及设施设备要求
技能目标	能够理论与实践相结合，能用规范而得体的礼仪要求进行盖碗茶艺表演，能选择适当的盖碗茶艺表演的设施设备，合理布置表演场地
思政目标	1. 培养学生相互协作及合作的意识； 2. 训练良好的服务态度、得体的仪容仪表和言谈举止； 3. 培养其精益求精的工匠精神； 4. 建立信心，提升自身的专业能力及专业素养

涉及知识点：

盖碗茶艺表演人员的仪容仪表、盖碗茶艺表演的场地要求、设施设备要求

涉及技能点：

盖碗茶艺表演人员操作的言谈举止

知识详解：

一、盖碗茶艺表演人员的仪容仪表要求		
项目名称	内容要点	图片
干净的面部	女士可化淡妆，不要浓抹脂粉，也不要喷味道浓烈的香水，男士则注意保持面部干净，不留胡须，无任何污迹	
得体的着装	服装样式以中式为宜，不宜太鲜艳，要与表演的整体编排设计相协调，还要与环境、茶席、茶具相匹配，给观赏者一种和谐的美感	
优美的手型	女士指甲修剪整齐，不留长指甲，不涂指甲油，特别避免手上留有浓烈的护手霜或是其他异杂的香味。手臂上佩戴的饰品小巧为宜；男士则要求干净、无长指甲	

项目名称	内容要点	图片
整齐的发型	头发应梳洗干净整齐，要适合自己的脸型和气质，同样，也需要与表演的主题、环境、茶具相宜	

二、盖碗茶艺表演人员的仪态举止要求

项目名称	内容要点	图片
挺拔的站姿	女士的站姿是身体挺直站立，脚呈小丁字步状，头略往上顶，下颌微微收起，双眼平视，挺胸收腹，双肩自然下垂，双手虎口交握在一起置于腹前，右手在上，手心向内，五指并拢。 　男士的站姿是双脚微呈外八字状分开，双手虎口双手虎口交握在一起置于小腹前，左手在上，手心向内。整体要求为：头正、肩平、臂垂、躯挺、腿并	
端正的坐姿	在表演时，茶艺师应挺胸、收腹、头正、肩平，肩部不能因为操作动作的改变而左右倾斜。双手不操作时，平放在操作台上，面部表情轻松愉悦，自始至终面带微笑。双腿并拢	

项目名称	内容要点	图片
轻盈的走姿	走姿的基本方法和要求是：上身正直，目光平视，面带微笑；肩部放松，手臂自然前后摆动，手指自然弯曲；行走时身体重心稍向前倾，腹部和臀部要向上提，由大腿带动小腿向前迈进；行走线迹为直线。步位直、步幅适度。根据茶艺表演的要求，我们在变换走姿时也一定要注意节奏和方法	
优雅的蹲姿	具体的做法是：脚稍分开，站在要拿或拾的东西旁边，屈膝蹲下，而不要低头，也不要弯背，要慢慢低下腰部拿取，以显文雅。若遇物较重还可利用腿力以免扭伤腰部	
平稳的跪姿	在一些盖碗茶艺表演中，也需要运用到跪姿，具体的做法是：双膝着地并拢与头同在一线，直立，臀着于足踵之上，袖手或手自然垂放于身体两膝上，抬头、肩平、腰背挺直，目视前方。 男士可以与女士略有不同，将双膝分开，与肩同宽。起身时，应先屈右脚，脚尖立稳后，再起身，保持身体平衡	
恰当的手势	在盖碗茶艺表演中，恰当、适度的手势也是为了增强表演的感染力，一般动作不要过大，切忌手舞足蹈。请人品茶时，应该掌心向上，以肘关节为轴，上身稍向前倾，以示尊敬	

三、盖碗茶艺表演的场地要求

表演场地要求室内应无嘈杂之声，干净、清洁，窗明几净，环境照明、控温良好，根据表演的需要，可配专业音响设备及 LED 显示屏等。室外也须洁净，环境宜茶或气爽神清之佳境，或松石泉下。还须预备观看者的场所以及座椅，奉茶处所等

续表

四、盖碗茶艺表演的设施设备要求		
项目名称	内容要点	图片
茶艺操作台	茶艺操作台，根据主题的不同，选择适当高度和大小。常用的现代茶桌规格：长80—120cm，宽30—60cm，高80—100cm	
茶艺用具	配备瓷质盖碗、玻璃盖碗、紫砂盖碗等为泡茶器具及饮茶器具。 　　配备完整的辅助茶具，包括茶船、茶巾、茶道组、茶叶罐、赏茶荷、桌布、桌旗、水盂、废渣桶等	
其他设备	具备相应的煮水配套设施，并备有供电应急设备和消防设备。 　　应配备表演所需的布景、舞台灯光设备、音响设备等	

任务3.3　盖碗茶的冲泡程式与技法

名称：

盖碗茶的冲泡程式与技法

适用课程：

茶艺服务与管理、茶营销与管理、茶艺馆经营与管理、茶道养生、饭店服务与管理

关键词：

盖碗茶的冲泡程式与技法

教学目标：

任务3.3
盖碗茶冲泡流程

知识目标	1. 掌握盖碗茶的冲泡程式与技法的理论知识； 2. 掌握盖碗茶的冲泡程式与技法
技能目标	能够理论与实践相结合，能根据盖碗茶的冲泡程式与技法正确冲泡

思政目标	1. 培养学生相互协作及合作的意识； 2. 训练学生巧妙构思，提高学生的创新创业的技能； 3. 学生在自主的学习中根据盖碗茶的冲泡程式与技法正确冲泡，培养其精益求精的工匠精神； 4. 能体味四川盖碗茶文化，传播本土川茶文化

涉及知识点：

盖碗茶的冲泡程式与技法

涉及技能点：

盖碗茶的冲泡程式与技法

知识详解：

程序名称	动作要点	图片
第一道：备具	将茶具按照规定位置摆放：盖碗、水壶、托盘、随手泡、茶荷、茶道组、茶巾、花茶	
第二道：烫杯	用随手泡依次往盖碗中倒入水，再一次烫杯	
第三道：赏茶	用茶则从茶叶罐中取出适量茶叶到茶荷，欣赏干茶外形及香气	
第四道：投茶	用茶匙将茶荷中的茶叶投入盖碗中	
第五道：润茶	用少许开水，注水入碗，浸润茶叶约需15秒	

续表

程序名称	动作要点	图片
第六道：冲水	用凤凰三点头手法，三起三落，往盖碗中注水至八分满	
第七道：搅茶	用茶盖往斜上方 45°轻轻刮去浮沫	
第八道：敬茶	双手端杯，抬高至眉毛处，行礼奉茶给宾客	
第九道：闻香	左手端起盖碗，右手轻轻地将杯盖掀起一条缝，用鼻子闻香	
第十道：品茶	右手在闻香后将杯盖前沿下压，后沿翘起，然后在开缝中饮茶，小口喝入茶汤。	
第十一道：谢茶	向宾客敬礼谢茶	

任务3.4　盖碗茶艺表演形式与流程

名称：

盖碗茶艺表演形式及流程

适用课程：

茶艺服务与管理、茶营销与管理、茶艺馆经营与管理、茶道养生、饭店服务与管理

关键词：

盖碗茶艺表演形式及流程

教学目标：

任务3.4
盖碗茶艺表演解说

知识目标	1. 掌握盖碗茶艺表演形式及流程； 2. 掌握盖碗茶艺表演的解说
技能目标	能够理论与实践相结合，学会按照盖碗茶艺表演形式及流程表演，能完成盖碗茶艺表演的解说
思政目标	1. 培养学生相互协作及合作的意识； 2. 训练学生巧妙构思，提高学生的创新创业的技能； 3. 学生在自主的学习中按照盖碗茶艺表演形式及流程表演，培养其精益求精的工匠精神，建立信心，提升自身的专业能力及专业素养

涉及知识点：

盖碗茶艺表演形式及流程、盖碗茶艺表演的解说

涉及技能点：

盖碗茶艺表演流程及解说

知识详解：

流程	解说
行茶礼，问好	各位来宾大家好！ 　泡好一杯青城茶，找回当下的力量。盖碗茶艺发展至今已有2000多年的历史，极具地方特色的"青城茉莉茶说"茶艺共有十三道技法，每一道都有其深厚的内涵
第一道：开茶迎客	茶是春天最早成熟的果实，今天我们就用茶来迎接各位贵宾的到来

流程	解说
第二道：青城茶、都江水	青城茶好、都江水润。好茶还需好水泡。我们选取岷江水泡青城茶
第三道：回归当下	俗话说"泡茶可修身养性，品茶如品味人生。"古今品茶都讲究平心静气，"焚香除妄念"就是通过点燃这支香来营造一个和谐的气氛
第四道：涤净凡尘、廉美和敬	茶是天涵地育的灵物，泡茶要求所有器皿必须致清致洁，所以用开水再烫一遍。本来就是干净的玻璃杯，做到让茶杯一尘不染
第五道：玉壶养太和	今天为大家冲泡的茶是，青城茉莉花茶"悟之道妙品"，因为其特别细嫩，若用滚烫的开水冲泡，会破坏茶芽间的维生素并造成熟汤失味。只宜90度的水温冲泡，"玉壶养太和"就是把开水倒入壶中养一会儿，降低水温
第六道：清宫迎佳人	苏东坡有诗云"戏做小诗君勿笑，从来佳茗似佳人"恰如我们将茶叶投放到冰清玉洁的玻璃杯中
第七道：圣妙润莲心	乾隆就把茶芽称作"莲心"。这时，我们先向杯中注入少许热水，起到润茶的作用
第八道：凤凰三点头	冲泡青城茉莉花茶时讲究高冲水，在冲水时有节奏的三起三落，好比是凤凰向客人点头致意
第九道：天地人合	盖碗又叫三才杯，我们把杯盖喻为天，杯托喻为地，杯身喻为人，天地人合，乃三才
第十道：春波展旗枪	杯中的热水有如春波荡漾在茶与水的融合下，茶芽如春笋慢慢展开，在青碧澄净得茶水中千姿百态的茶芽在玻璃杯中随波晃动，好像生命的绿精灵，十分生动
第十一道：慧心悟茶香	品茶时要一看、二闻、三品味。青城茉莉花茶的香味清幽淡雅，必须用心灵去品悟，才能闻出春天的气息，以及清远而难以言传的生命之春
第十二道：淡中品其韵	茶里悟之道。茶汤清醇甘鲜，淡而有味，有着天地间至醇、至真、至美的韵味
第十三道：心静自然	深吸一口气，然后慢慢呼出，同时让我们的心也慢慢平静下来

项目4　长嘴壶茶艺

长嘴壶是我国一种独特的茶具，历史悠久，源远流长。从有茶馆的记载开始，四川成都茶馆一般多用一尺（33厘米）到一尺五寸（50厘米）的铜壶为客人掺茶沏水，而沱江、长江、嘉陵江沿岸城市的茶馆喜用两尺甚至更长壶嘴的铜壶掺茶，这和各地区茶馆的桌椅板凳、茶馆规模有关，成都茶馆用的是较矮的竹椅、竹桌，而川南、川东，甚至川北更喜用大的方桌和长板凳，方桌和长板凳较高，也就使长嘴壶掺茶技艺发挥了很大的作用。现在一尺左右的长嘴壶越来越少，而根据茶馆掺茶和表演的需要，长嘴壶的长度大都保持在"三尺长壶"左右，亦即时下俗称的"一米长壶"。

长嘴壶茶艺表演是群众喜爱的一项民俗文化，是我国茶道的一环，是茶文化的一部分，是宝贵的非物质文化遗产。长嘴壶茶艺具有很高的实用性和观赏性，沸水在长嘴中流过，自然降低了温度，水就不会太烫，最适合泡茶。同时，长嘴壶茶艺表演通过肢体语言表达各种文化内涵，长人知识，发人深省，营造了茶馆的文化氛围和民俗气息，提高了茶客的品茗乐趣。

任务4.1　长嘴壶茶艺表演的基本要求

名称：

长嘴壶茶艺表演人员的要求

适用课程：

茶艺服务与管理、茶营销与管理、茶艺馆经营与管理、茶道养生、饭店服务与管理

关键词：

长嘴壶茶艺表演人员的要求、场地要求、器具及设施设备要求

教学目标：

知识目标	1. 掌握长嘴壶茶艺表演人员的要求； 2. 掌握长嘴壶茶艺表演场地要求； 3. 掌握长嘴壶茶艺表演器具及设施设备要求
技能目标	能够理论与实践相结合，能用规范而得体的礼仪要求进行长嘴壶茶艺表演，能根据长嘴壶茶艺表演场地要求设置或选择场地，能够按照长嘴壶茶艺表演器具及设施设备要求配备所需用品
思政目标	1. 培养学生相互协作及合作的意识； 2. 训练良好的服务态度、得体的仪容仪表和言谈举止； 3. 培养其精益求精的工匠精神； 4. 建立信心，提升自身的专业能力及专业素养

涉及知识点：

长嘴壶茶艺表演人员的要求、场地要求、器具及设施设备要求

涉及技能点：

长嘴壶茶艺表演人员的仪容仪表、技法要求

知识详解：

一、长嘴壶茶艺表演人员的仪容仪表要求		
项目	内容要点	图片
着装	服装应整洁、宽松得体，宜采用传统服装或长嘴壶专用表演服装	
妆容	面容干净，女性淡妆，不喷香水。手部清洁、不留长指甲，女性不涂指甲油、不抹护手霜。头发整洁、不散乱，女性的发饰要求束发	

续表

项目	内容要点	图片
仪态	仪态自然，符合表演的主题表达与情感表达	
技法	熟练掌握长嘴壶茶艺的技法，动作规范准确，其基本技法应符合《长嘴壶茶艺程式与技法》的要求	

二、长嘴壶茶艺表演场地要求

项目	内容要点	图片
场地	室内或室外场所应配备表演舞台，且舞台宜有 LED 大屏幕或可布置背景的空间。应设置茶水准备区、表演区、观演区；根据需要可设置其他服务区	
茶水准备区	应清洁整齐，适时保持洁净。具备短期贮存茶叶条件，空气清新无异味，温度和湿度适宜。应准备纯净水或矿泉水，并具备煮水、贮存和清洗区域	
表演区	表演区的地势应平坦开阔。单人表演应不小于长 3.0m、宽 3.0m 的场地；多人表演茶桌之间间距应不少于 2.5m，周边应不少于 3m 的空间，表演空间高度应不低于 3.0m	
观演区	观演区与相关设施应干净、整洁、安全。预留表演区与观演区之间的缓冲区域，防止演出过程中可能对观众造成的伤害	

项目	内容要点	图片
其他服务区	宜提供茶品的展示、体验等服务。据情况提供食品、茶叶、文旅产品等售卖服务	

三、长嘴壶茶艺表演器具及设施设备要求

项目	内容要点	图片
长嘴壶	宜选用壶嘴长 66cm、壶腔容量为 1000ml 左右的铜制长嘴壶	
盖碗	宜选用容量为 150～200ml 的瓷质盖碗、玻璃盖碗、紫砂盖碗等	

续表

项目	内容要点	图片
玻璃杯	宜选用容量为 150～200ml 的直身玻璃杯	
桌子	表演所用的桌宜为圆桌或方桌，高度宜为 80cm、直径或边长宜为 70cm	
其他设备	应具备相应煮水配套设施，配备表演所需的布景、舞台灯光设备、音响设备等	

任务 4.2　长嘴壶茶艺冲泡程式

名称：

长嘴壶茶艺冲泡程式

适用课程：

茶艺服务与管理、茶营销与管理、茶艺馆经营与管理、茶道养生、饭店服务与管理

关键词：

长嘴壶茶艺的掺茶招式、长嘴壶茶艺的冲泡流程

任务 4.2
青城十六式长嘴壶

30

教学目标：

知识目标	1. 掌握长嘴壶茶艺的冲泡流程； 2. 掌握常见长嘴壶茶艺的掺茶招式
技能目标	能够理论与实践相结合，学会用长嘴壶掺茶招式为茶客冲泡一杯好喝的茶
思政目标	1. 培养学生相互协作及合作的意识； 2. 训练学生巧妙构思，提高学生的创新创业的技能； 3. 培养学生在自主学习中学会长嘴壶茶艺的掺茶招式和冲泡流程，培养精益求精的工匠精神，增加信心和民族自豪感

涉及知识点：

长嘴壶茶艺的掺茶招式、长嘴壶茶艺的冲泡流程

涉及技能点：

长嘴壶茶艺的掺茶招式

知识详解：

一、长嘴壶茶艺的冲泡流程	
项目名称	操作要领
第一道：准备	在用长嘴壶作为掺茶器具来冲泡茶叶时，主要有三个准备： 1. 备好掺茶器具——长嘴壶。可先将和长嘴壶壶身擦拭干净，并清洗内壁，做好掺水的准备。 2. 备好茶叶。根据客人点茶进行准备，若客人不会点茶，则可推荐四川的特色茶类：绿茶或花茶。 3. 备好泡茶器具及辅助器具。可以用盖碗或直身玻璃杯作为泡茶器具来冲泡，辅助器具包括但不限于茶盘、茶道组、茶荷、茶巾、茶叶罐等
第二道：冲泡	1. 准备好客人点的茶叶、茶具和水，并将茶叶投入盖碗或玻璃杯中。 2. 投茶时应按茶水比控制投茶量，具体可参考茶叶冲泡要素参考值表。必要时，也可根据宾客口味适当调整。 3. 将沸水注入长嘴壶备用，沸水使用时温度不应低于85℃。先用长嘴壶向盖碗或玻璃杯内注入适量沸水，以刚浸没茶叶为宜；适当浸润茶叶后，再注水至7～8分满
第三道：奉茶	将泡好的茶敬奉给宾客，并用语言或手势示意宾客品茶。具体操作如下：端着茶杯或茶碗走到客人面前时，先站立好，将茶水放于客人面前的桌面上或送到客人手中，并退后半步，面带微笑，使用伸手礼并说"请用茶"

项目名称	操作要领
第四道：品茶	品茶时，茶艺师宜对所泡茶叶进行相应的介绍，内容可包含茶叶的品名、类型、产地、年份、特点等。也可引导客人品茶，如教客人如何端盖碗茶碗，如何闻其香、观其色、品其味
第五道：续水	当客人的盖碗或玻璃杯中的茶汤余 1/3～1/2 杯时，应及时续水。为了增加品茶互动性和乐趣，可根据场地的大小，有选择性地选用一些掺茶动作为客人续水

二、长嘴壶茶艺的基本招式

招式名称	操作要领	图片
传统单手式	右手握壶高举，左手五指并拢，屈肘后背，手掌心向外贴于腰部，目视出水方向	
头顶掺茶式	铜壶放置头顶，右手握壶把，左手四指并拢压住壶管，目视出水方向	
肩部掺茶式	右手持壶略高于头顶，壶管放于后颈部，以肩为支撑点。左手五指并拢，屈肘后背，手掌心向外贴于腰部，目视出水方向	

招式名称	操作要领	图片
后背掺茶式	右手握壶经体侧向上举，壶管转至后背，从身体左侧伸出，左手扶壶管，目视出水方向	
胸前掺茶式	右手握壶放于身体右侧上方，左手手指微曲，于胸前位置压住壶管，目视出水方向	
膝上掺茶式	右手握壶，右腿直立。左腿平抬，大小腿成 90 度角，壶管置于左腿膝上，左脚尖向下绷直。左手屈肘后背，手掌心向外置于腰部，右手持壶缓慢举右侧上方，目视出水方向	

续表

招式名称	操作要领	图片
下腰掺茶式	双脚平行站立，比肩稍宽，后弯腰，双手握壶，举壶于正上方，壶管向后，目视出水方向	
反手后肩掺茶式	右手反手握壶向后背高举，左手四指并拢向后背高举，双手手心相向呈对称状，形成大鹏展翅的动作。身体前倾，壶管以右后肩为支撑，目视出水方向	

任务4.3　长嘴壶茶艺表演编创

名称：

长嘴壶茶艺表演编创

适用课程：

茶艺服务与管理、茶营销与管理、茶艺馆经营与管理、茶道养生、饭店服务与管理

关键词：

长嘴壶茶艺、表演编创

教学目标：

知识目标	1. 掌握长嘴壶茶艺的表演形式； 2. 掌握常见长嘴壶茶艺表演编创的要求与内容
技能目标	能够理论与实践相结合，学会四川蒙山派长嘴壶茶艺表演编创赏析
思政目标	1. 培养学生相互协作及合作的意识； 2. 训练学生巧妙构思，提高学生的创新创业的技能； 3. 培养学生在自主学习中去掌握长嘴壶茶艺表演编创的要求与内容，学会四川蒙山派长嘴壶茶艺表演编创赏析，培养其精益求精的工匠精神； 4. 通过长嘴壶茶艺的练习，培养学生的自信心和民族自豪感

涉及知识点：

长嘴壶茶艺表演编创

涉及技能点：

长嘴壶茶艺表演编创的要求与内容

知识详解：

一、长嘴壶茶艺表演编创的要求与内容

长嘴壶茶艺表演的编创往往需要考虑以下几方面内容：主题内容与设计、场景风格与布置、音乐及情境设计、茶席设计与布置、茶叶与茶具类型选择、表演人数与性别确定和表演所需设施设备准备等，而呈现出不同的表演形式，体现长嘴壶茶艺表演的创新性、融合性和艺术性等

项目名称	知识要点
长嘴壶茶艺表演编创的基本要求	编创完整的一套长嘴壶茶艺表演，需要满足以下四个方面的基本要求： 1. 顺茶性。通俗地说就是按照长嘴壶茶艺冲泡程序来操作，充分了解各类茶叶的特点，掌握科学的冲泡技术，能把茶叶的内质发挥得淋漓尽致，泡出一壶最可口的好茶来。 2. 合茶道。通俗地说就是看长嘴壶茶艺是否符合茶道所倡导的"精行俭德"的人文精神，和"和静怡真"的基本理念。 3. 文化性。这主要是指各个程序的名称和解说词应当具有较高的文学水平，解说词的内容应当生动、准确、有知识性和趣味性，应能够艺术地介绍出所冲泡的茶叶的特点及历史文化

项目名称	知识要点
长嘴壶茶艺表演编创的内容	长嘴壶茶艺编创就是通过对主题创意、茶席设计、演示程式、背景布置、仪容服饰、音乐选择、茶品和茶器具的选择等方面进行综合设计，编创出一套茶艺演示的程式，体现出茶艺自然、和谐的内涵，显示出茶艺韵律美、节奏美。 1. 主题创意。根据茶艺主题进行创意设计，用文字阐释出所编创的茶艺表演的文化内涵。 2. 茶席设计。根据茶艺主题进行茶席设计，茶席设计是茶艺编创的重要部分，构成茶席的主要要素有茶具组合、铺垫、插花及有关工艺品。 3. 演示程式。根据茶艺主题特色，编制茶艺冲泡程序，茶艺表演者的身型、步法、手法、神韵均应达到艺术欣赏水准，不仅仅停留在"技艺"层面上，要提升到展现精神层面上。 4. 背景布置。不同风格的茶艺有不同的背景要求，所以在茶艺背景的选择创造中，应根据不同的茶艺风格，设计出适合要求的背景来，达到茶艺美学要求。 5. 仪容服饰。茶艺师的服饰要求素雅、美观、大方，富有民族特色，与所表演的茶艺主题相吻合，发型样式必须考虑茶艺主题内容，不能与所表演的茶艺主题内容冲突、不协调。 6. 音乐选择。音乐选择上，要善于运用民族音乐，以表现茶艺的民族特色和文化内涵

二、四川蒙山派长嘴壶茶艺表演编创赏析

随着社会经济的发展和人们审美需求增长，四川长嘴壶茶艺有了一个迅猛的发展，并先后形成了不同的流派，出了很多长嘴壶茶艺的代表性名人，轰动全国，走向国际，具代表性的是四川蒙山派茶艺，由蒙山派成先勤、成波、成昱父子三人，于 2000 年春在四川蒙顶山，先后创编了男子"龙行十八式"长嘴壶茶艺和女子"凤舞十八式"长嘴壶茶艺，"龙行十八式"被称为"中国茶道艺术的活化石"

项目简介	动作招式	图片
四川蒙山派男子"龙行十八式"长嘴铜壶茶艺 任务 4.3 男子龙行十八式	（1）吉龙献瑞	

项目简介	动作招式	图片
四川蒙山派男子"龙行十八式"长嘴铜壶茶艺	（2）玉龙扣月	
	（3）惊龙回首	
	（4）乌龙摆尾	
	（5）祥龙行雨	
	（6）白龙过江	

项目简介	动作招式	图片
四川蒙山派男子"龙行十八式"长嘴铜壶茶艺	(7) 潜龙腾渊	
	(8) 威龙出水	
	(9) 青龙入海	
	(10) 异龙行天	
	(11) 战龙在野	

项目简介	动作招式	图片
四川蒙山派男子"龙行十八式"长嘴铜壶茶艺	（12）神龙抢珠	
	（13）飞龙在天	
	（14）亢龙有悔	
	（15）龙吟天外	

项目简介	动作招式	图片
四川蒙山派男子"龙行十八式"长嘴铜壶茶艺	（16）猛龙越海	
	（17）龙转乾坤	
	（18）游龙戏水	
四川蒙山派女子"凤舞十八式"长嘴铜壶茶艺 **任务 4.3** 女子凤舞十八式	（1）玉女祈福	

项目简介	动作招式	图片
四川蒙山派女子"凤舞十八式"长嘴铜壶茶艺	（2）春风拂面	
	（3）回眸一笑	
	（4）观音掂水	
	（5）怀中抱月	
	（6）织女抛梭	

项目简介	动作招式	图片
四川蒙山派女子"凤舞十八式"长嘴铜壶茶艺	（7）蜻蜓点水	
	（8）木兰挽弓	
	（9）贵妃醉酒	
	（10）凤舞九天	

项目简介	动作招式	图片
四川蒙山派女子"凤舞十八式"长嘴铜壶茶艺	（11）丹凤朝阳	
	（12）孔雀开屏	
	（13）凤凰点头	
	（14）借花献佛	

项目简介	动作招式	图片
四川蒙山派女子"凤舞十八式"长嘴铜壶茶艺	（15）反弹琵琶	
	（16）喜鹊闹梅	
	（17）鱼跃龙门	
	（18）百鸟朝凤	

项目5 茶点制作基础知识

茶点，是在饮茶的时候搭配的分量较小、精雅的食物，具有精细美观、口味多样、品种丰富等特点。茶点饮食文化由来已久，经典名著《红楼梦》中描写的松子鹅油卷、蟹黄小娇儿、如意锁片等"红楼茶点"，选料独特、做工精细，可谓是体现茶点文化内涵的经典大作。

一般而言，传统茶点中，大部分茶和点心是分开的，没有茶元素融入点心的制作中，随着时代的发展，人们越来越追求有健康品质的生活，茶叶、茶汤等元素开始融入西式点心的制作中，清爽的茶能减弱甜品中的甜和腻，丰富点心色泽，增加口感层次，能给人带来不一样的风味体验，这样的创新与融合，彰显出独特的魅力。

任务5.1 茶点制作原料用具

名称：

茶点制作原料用具

适用课程：

茶点制作、茶艺服务与管理、茶营销与管理、茶艺馆经营与管理、茶道养生、饭店服务与管理、西点制作

关键词：

茶点制作原料用具的用途

教学目标：

知识目标	1. 掌握茶点制作原料的分类及用途； 2. 掌握茶点制作用具的分类及用途
技能目标	能区分茶点制作原料和用具，并说出其用途

思政目标	1. 培养学生相互协作及合作的意识； 2. 训练学生巧妙构思，提高学生的创新创业的技能； 3. 学生在学习中领会茶点制作工具用具的分类及用途，培养其精益求精的工匠精神

涉及知识点：

茶点制作原料的分类及用途、茶点制作用具分类及用途

涉及技能点：

茶点制作原料和用具，并说出其用途

知识详解：

一、常用原料		
项目名称	知识要点	图片
高筋面粉	又称强面筋粉或面包粉，蛋白质含量为 12%～15%，湿面筋值为 40% 以上，适用于制作面包、起酥点心、泡芙点心等	
低筋面粉	又称弱筋面粉、蛋糕粉、糕点粉，由软麦磨制而成，蛋白质含量为 7%～9%，湿面筋含量为 25% 以下，吸水率为 48%～52%，筋性较弱，多用于制造口感蓬松、松软蛋糕、甜酥点心和饼干等	
中筋面粉	是介于高筋面粉与低筋面粉之间的一类面粉，蛋白质含量为 9%～11%，湿面筋值含量为 25%～35%，中筋面粉用于制作中式面食类及一些对面粉要求不高的点心	
全麦面粉	是用小麦的麦壳连米糠及胚芽内胚乳碾磨而成，常用来制作全麦面包，饼干	

项目名称	知识要点	图片
黄油	又称奶油、白脱油，具有特殊的芳香，是西点的传统油脂。是从牛乳中分离加工出来的一种比较纯净的脂肪即牛奶中的脂肪，含脂量 80% 以上，常温下呈浅黄色固体，有含盐、无盐两种。其具有良好的起酥性、可塑性和乳化性。	
白砂糖	白砂糖简称砂糖，是西点使用最广泛的糖。由甘蔗和甜菜提取糖汁，经过过滤、沉淀、蒸发、结晶、脱色、干燥等工艺而制成的。白糖色白、干净、甜度高，蔗糖含量在 99% 以上。 　白糖根据晶粒大小可分为：粗砂、中砂、细砂。因细砂糖颗粒细小便于溶解，细砂糖容易溶解，协助蓬松的效果好，是西点中最常用的糖。中粒白砂糖也可用于海绵蛋糕，粗粒糖可用来熬糖浆	
糖粉	是由结晶糖碾成的粉末，比白砂糖更容易溶解，糖粉直接撒于表面是最简单的装饰，糖粉也可用于塔皮、饼干等，可增加其光滑度	
鸡蛋	鸡蛋是点心中的主要原料之一，蛋清中的某些蛋白质具有很高的黏度和良好的发泡性，所以鸡蛋容易搅打起泡，且泡沫较稳定，蛋黄中的蛋白质含磷和脂质，称为卵磷蛋白，脂质中的卵磷脂是一种良好的天然乳化剂，蛋黄与蛋白均有乳化性，但蛋黄的乳化力强，制作蛋糕时，除全蛋外，如再加入一定量的蛋黄，可以改善制品的外观、风味和质地	

项目名称	知识要点	图片
牛奶	鲜奶又称牛奶，一种白色或稍黄色不透明液体，含有丰富的蛋白质、脂肪和多种维生素及矿物质，还有一些胆固醇、酶及磷脂等微量成分。其极易被人体消化吸收，有很高的营养价值，是西点生产中常用原材料。 牛乳的含水量约占87%，呈不透明的乳白色，有乳香味，无苦味、酸味、鱼腥味，加热后不发生凝固现象，其他成分还有蛋白质、乳脂、乳精、维生素和矿物质	
淡奶油	鲜奶油又称稀奶油、淡奶油，或者简称奶油，就是 cream，音译作忌廉。也是从牛奶中提取的脂肪，打发成浆状之后可以在蛋糕上裱花、制作慕斯类蛋糕，也可以加在咖啡、冰激凌、水果、点心上，甚至直接食用	
酸奶	酸奶是以新鲜的牛奶为原料，加入一定比例的蔗糖，经过高温杀菌冷却后，再加入纯乳酸菌种培养而成的一种奶制品，口味酸甜细滑，营养丰富。其营养价值要好于鲜牛奶和各种奶粉。常用于制作特色风味的糕点	
奶油芝士	奶油奶酪，英文名为 cream cheese，是一种未成熟的全脂奶酪，色泽洁白，质地细腻，口感微酸，非常适合用来制作奶酪蛋糕，也可以用来做乳酪味道的奶油。奶油奶酪开封后非常容易吸收其他气味而腐败变质，所以开封后要尽早使用完	
奶粉	奶粉主要是指以牛的乳汁为原料，经过消毒、脱水、干燥等工艺制成的粉末。奶粉便于贮藏、运输、不易变质、使用方便，在西点中运用广泛。奶粉有全脂、半脂、脱脂三种类型，西点常用全脂和脱脂两类	

续表

项目名称	知识要点	图片
可可粉	可可粉是从可可树结出的豆荚（果实）里取出的可可豆（种子），经发酵、粗碎、去皮等工序得到的可可豆碎片（通称可可饼），由可可饼脱脂粉碎之后的粉状物，即为可可粉。 常用辅料、风味材料，用来制作各种巧克力蛋糕、饼干和饰料	
巧克力	巧克力是西点的主要装饰材料之一，其色泽和香味均来源于可可成分。巧克力制品丰富，除本色大块巧克力外还有经脱色的大块白巧克力，带有柠檬、草莓等风味与色泽的块状巧克力，挤裱装饰用的巧克力酱及软质巧克力等	
吉利丁片	明胶又称吉利丁、鱼胶，从英文名 gelatine 音译而来。它是从动物的骨头（多为牛骨或鱼骨）提炼出来的胶质，主要成分为蛋白质。明胶为白色或淡黄色，透明至半透明带有光泽的脆性薄片、颗粒或粉末状，可溶于热水，一般溶于水后再使用。 明胶在西点中多用于慕斯类冷冻甜品、果冻布丁，也是制作大型糖粉西点的重要原材料	
水果	果干和蜜饯制（如葡萄干，蜜樱桃等），主要用于作水果蛋糕，新鲜水果和罐头水果则用于较高档次的点心的装饰和馅料，如水果塔	
果仁	杏仁、核桃仁、花生，椰蓉等，广泛用作配料、馅料和装饰料	

项目名称	知识要点	图片
膨松剂	膨松剂又称疏松剂、膨胀剂、膨大剂，是西点中重要的添加剂，以使制品在烘烤、油炸、蒸煮、煎时增大体积，改善形态、组织、增强口感。 西点中用到的膨松剂有生物膨松剂、化学膨松剂、复合膨松剂	
面包改良剂	主要在面包团的调制中使用，以增加面团的搅拌耐力，加快面团成熟，改善制品的组织结构等作用	
乳化剂	一般具有发泡和乳化的双重功能，作为发泡剂能维持泡沫体系的稳定，使制品获得一个致密而疏松的结构。作为乳化剂使用，能维持油水分散体系（即乳液）的稳定。使制品组织均匀细腻，例如蛋糕油，即蛋糕乳化剂，已在蛋糕制作中广泛使用	
红茶	红茶是目前世界上产量最多、销量最大的一类茶叶，由于发酵程度重，呈现红汤红叶的特征，味道温和甜醇。红茶包容性很强，可以与点心多样搭配制作	
抹茶	抹茶，将绿茶加工磨成粉末状，口感清新，滋味甜醇，微涩，可与点心搭配制作，以丰富口味，增加口感层次	
茉莉花茶	茉莉花茶，是把绿茶作为茶坯和茉莉花进行拼和窨制而成。茉莉花茶独具特色，既有花的幽雅芳香、又有绿茶的鲜爽甘美，融入点心制作中，可以增加独特的风味	

项目名称	知识要点	图片
玫瑰酱	玫瑰酱，是一种常见酱料，是将玫瑰花的花瓣用糖腌制而成。玫瑰花酱属温性食品，有疏肝醒脾之功能，是很早就广泛应用于各种糕点、馅和菜肴中的主要原料	
二、设备用具		
项目名称	知识要点	图片
烤箱	用于烘烤，分层烤箱性能稳定，温度均匀可调节底火和面火各层互不干扰	
打蛋机	打蛋机又称搅拌机，主要用于搅拌蛋液，制作蛋糕。也可用于小批量面团的调制	
醒发箱	面包最后醒发的设备，能调节和控制温度和湿度	

项目名称	知识要点	图片
烤盘	大多为铁制，烤盘清洗后必须擦干以免生锈	
焙烤听	蛋糕面包（如吐司）等成型模具，由铝、铁、不锈钢或镀锡等金属材料制成，各种尺寸和形状可根据品种的需要选择	
刀具	包括蛋糕切刀，涂抹馅料或装饰料用的抹刀及普通切削刀	
印模	一种能将点心面团（皮）经按压切成一定形状的模具，形状有圆形、椭圆形、三角形、心形等，切边又有平口、花边口两种类型	
花边刀	其两端分别为花边钳和花边滚刀，前者可将面皮的边缘钳成花边状，后者由圆形刀片的滚动将面皮切成花边状	

项目名称	知识要点	图片
挤注袋	用于挤注成形，馅料灌注和裱花装饰，挤注袋有布制的以及塑料制的一次性挤袋。	
裱花嘴	用于挤注成形，馅料灌注和裱花装饰，裱花嘴分齿口、平口、扁口等类型	
转台	具有一个圆形可转动的台面，便于蛋糕裱花装饰操作	
粉筛	粉筛又称罗，主要用于面粉等干性原料的过筛，除去其中的团块使颗粒均匀	
锅	主要用于馅料制作中的加热，糖浆熬制和巧克力的隔水溶化等	
擀面棍	用来擀压体积小的面皮	

项目名称	知识要点	图片
走锤	又名通心槌，用于擀压体积较大或较硬的面皮	
蛋抽	用于蛋液、奶油等各种馅料的手工搅打混合	
刮板	刮板按材质可分为塑胶刮板和金属刮板，无刃，有长方形、梯形、圆弧形、三角形等形状。长方形不锈钢刮板又称切面刀，主要用于分剖面坯，协助面团调制，清理台板等	
抹刀	抹刀主要用于蛋糕装饰表面膏料抹平及涂抹馅料等。多为不锈钢材制，有各种不同的尺寸	
齿刀	西点刀由不锈锯制成，长条形，刃长35～45cm，主要用于蛋糕切割，以及西点夹馅或表面装饰，抹制膏料、酱料	
刷子	用于烤盘和模具内的刷油以及制品表面蛋液的涂抹	

项目名称	知识要点	图片
电子秤	用于称量各种材料	
拌料盆	拌料盆一般为圆口圆底，底部无棱角，可便于均匀地调拌原料。有大、中、小三种型号，可配套使用。不锈锯材质的最好	
不粘烤布	以硅胶或经铁氟龙处理的玻纤维制成的，主要用于防止蛋糕、饼干类制品烘焙时产生粘连在烤盘或烤模上取不下来	
手柄刮刀	刮刀以塑胶材质为主，用于刮净黏附在搅拌缸或打盆中的材料，也可用于材料的搅拌	

任务 5.2　品种多样的茶与茶点

名称：

品种多样的茶与茶点

适用课程：

茶点制作、茶艺服务与管理、茶营销与管理、茶艺馆经营与管理、茶道养生、饭店服务与管理、西点制作

关键词：

世界四大红茶、国内四大红茶

教学目标：

知识目标	掌握红茶类茶点、抹茶类茶点、再加工茶类茶点的基本知识
技能目标	1. 学会辨别不同茶类的茶点； 2. 能说出的不同茶类茶点的特点
思政目标	1. 培养学生的团队精神和协作意识； 2. 培养学生对各茶类茶点的热爱和认同感； 3. 培养其精益求精的工匠精神

涉及知识点：

红茶类茶点、抹茶类茶点、再加工茶类茶点

涉及技能点：

不同茶类的茶点制作及其特点

知识详解：

一、红茶类茶点

红茶，因发酵而滋味醇厚，甜香馥郁，有入口便甘甜的特点，可搭配一些尝起来微酸的茶点，以形成酸甜适度的味蕾体验，果脯、酸枣糕、乌梅糕、话梅等均是不错的红茶茶点。

（一）玫瑰红茶冻

材料：红茶 10g，白糖 20g，果冻粉 10g，玫瑰花干若干。

做法：

1. 红茶先用 80℃ 左右的水泡出茶汤，过滤出 100ml 左右的茶汤，晾凉备用。

2. 先将 10g 果冻粉与 100ml 的水搅拌溶化，再用小火煮沸，加入白糖，搅拌均匀，关火，稍凉后倒入高脚杯中，放入玫瑰花干。等待半小时，红茶冻凝固后，放置冰箱冷藏 3~5 小时。

（二）香烤红茶苹果

材料：主料：苹果 2~3 个，核桃（切细），葡萄干或者蜜饯若干，糖霜

红茶酱汁材料：英国红茶 10g（带包装 1 袋），热水 120ml，果糖 60ml

做法：

1. 苹果挖去心，填入尽量切碎的核桃和泡过水的葡萄干。我用的是现成的切碎的核桃，蜜饯。

2. 放入预热 350F 的烤箱烤 45 分钟。

3. 此时做红茶酱汁：红茶 10 袋装的一小袋，加 60~80℃ 开水煮 3 分钟，乘热加入 60ml 果糖，做成红茶酱汁。

4. 烤好后，淋上红茶酱汁，撒上糖霜装饰即可。

特点：营养丰富，外形美观，小巧精致，形状多样，口感酥脆松香，有较长保质期。

用途：下午茶茶点、休闲零食、餐后甜点。

二、抹茶类茶点

抹茶（中国古时称作末茶）起源于中国隋唐，将春天的茶叶的嫩叶，用蒸汽杀青后，做成饼茶（团茶）保存，食用前放在火上再次烘焙干燥，用天然石磨碾磨成粉末。

抹茶，因口感清新、滋味甜醇、微涩的特点，可搭配一些尝起来微甜的茶点以综合茶之味。抹茶曲奇是不错的抹茶茶点。

抹茶曲奇的制作：

材料：黄油 150g，糖粉 50g，鸡蛋 60g，低筋面粉 190g，杏仁粉 20g，抹茶粉 10g。

制作步骤：

1. 准备好所用的材料，黄油提前室温软化。

2. 将糖粉加入黄油中，适当拌匀后用电动打蛋器打发至颜色变浅，体积蓬松有纹路。

3. 分次加入蛋液，搅拌均匀，黄油打发至蓬松有明显纹路。

4. 将抹茶粉混合后过筛加入。

5. 面糊拌至均匀无颗粒状态即可，颜色很漂亮哦。

6. 将面糊装入配好 10 齿菊花嘴的裱花袋中，将花嘴按左右移动的方式，在烤盘上挤出云顶状曲奇。

7. 烤箱提前上火 190℃，下火 150℃ 预热好，烤盘放入中层烘烤约 10 分钟，待曲奇基本定型后，温度转为上下火 150℃，继续烘烤约 20 分钟至曲奇烘熟，烘烤结束后将烤盘放在有支架的烤网上，凉透后密封保存即可。

三、再加工茶类茶点

再加工茶各由种毛茶或精制茶再加工而成的，代表茶品有花草茶、萃取茶、香味果味茶、药用保健茶及含茶饮料等。由于再加工茶风味丰富多样、品质特点突出，加上独特的保健功效，包容性强，可以与点心进行多样搭配，所以人们常常喜欢把再加工茶进行加工，制作成风格各异的茶点，典型再加工茶类点心有：伯爵茶饼干、红茶蛋糕卷、桂花戚风蛋糕、玫瑰芝士慕斯等。

再加工茶类茶点			
名称	原材料	风味特点	图片
伯爵茶饼干	黄油、白糖、牛奶、伯爵茶包、蛋糕粉、杏仁粉、盐	营养丰富，茶味浓郁，香酥，入口即化，美味可口。	
红茶蛋糕卷	蛋黄、白糖、纯牛奶、色拉油、低筋面粉、玉米淀粉、蛋白、盐、白醋、红茶、黄油、淡奶油	营养丰富，外形美观，小巧精致，口感绵密柔软，细滑滋润	
桂花戚风蛋糕	鸡蛋、白糖、低筋粉、色拉油、水、干桂花	色泽金黄、组织疏松、口感绵密、松软，有淡淡桂花香	
玫瑰芝士慕斯	饼干碎、融化黄油、慕斯料、奶油芝士、淡奶油、白糖、原味酸奶、吉利丁片、玫瑰酱	慕斯入口细滑即化，芝士与玫瑰味互相交融，香脆的饼底口感层次丰富，美味可口，让人流连忘返	

任务 5.3　饮茶习俗与茶点的搭配知识

名称：

饮茶习俗与茶点的搭配知识

适用课程：

茶点制作、茶艺服务与管理、茶营销与管理、茶艺馆经营与管理、茶道养生、饭店服务与管理、西点制作

关键词：

饮茶习俗、茶点搭配

教学目标：

知识目标	1.　了解饮茶习俗； 2.　识记茶点的搭配知识
技能目标	能够理论与实践相结合，能说出饮茶习俗，学会茶点的搭配
思政目标	1.　培养学生相互协作及合作的意识； 2.　训练学生巧妙构思，提高学生的创新创业的技能； 3.　学生在自主的学习中不断提高，培养其精益求精的工匠精神。 4.　建立信心，提升自身的专业能力及专业素养

涉及知识点：

饮茶习俗和茶点搭配

涉及技能点：

能进行茶点与茶的搭配

知识详解：

一、饮茶习俗	
不同地区	寻求"清雅怡和"。茶叶冲以沸水，顺乎自然，清饮雅尝，如闽粤乌龙茶
	讲究"多种享受"。除品茶外，还备以美点，伴以歌舞、书画、戏曲等，如北京老舍茶馆等
不同民族	兼有"佐料风味"：烹茶时添加各种佐料，如藏族酥油茶等
不同时代	茶的"现代变体"：如速溶茶等，充分体现了现代文化务实之精髓

不同节令	在中国逢年过节，都有茶祭，用于祈求上苍神灵保佑之举

二、茶点搭配

茶点在与茶的搭配上，讲究茶食与茶性的和谐搭配，注重茶点的风味效果，重视茶点的地域习惯，体现茶点的文化内涵等因素，从而创造了我国茶点与茶的搭配艺术。

搭配茶食的原则可概括成一个小口诀，即"甜配绿、酸配红、瓜子配乌龙"。所谓甜配绿：即甜食搭配绿茶来喝，如用各式甜糕、凤梨酥等配绿茶；酸配红：即酸的食品搭配红茶来喝，如用圣女果、柠檬片、蜜饯等配红茶；瓜子配乌龙：即咸的食物搭配乌龙茶来喝，如用瓜子、盐津葡萄等配乌龙茶。

与绿茶搭配	绿茶品种虽多，但共同特点是味道清鲜淡雅，色泽清爽美观，所以茶点的搭配也应该遵循它的特点，味道不应过浓过郁，同样以清鲜淡爽为好，如水煮花生、毛豆、淡盐水浸渍的各种豆类，清油酥点等，这些都是绿茶的好搭配。以这样的茶点配伍，既能烘托绿茶的清香，又能提升点心的滋味，可称得上佳配
与乌龙茶搭配	乌龙茶的味道偏于清淡，且比较重香氛，不合适味道过于浓郁的点心，可以配一些低糖度或低盐分的茶食，如瓜子、花生、豌豆绿、芸豆卷等
与红茶搭配	红茶中的名品有正山小种、祁红、滇红等，人们喝的比较多的是祁红和滇红。红茶的味道比较醇厚而浓郁，适合配一些苏打类或带咸味、淡酸味的点心，如野酸枣糕、乌梅糕、蜜饯等。也可配一些蛋糕类食品
与普洱茶搭配	普洱茶的味道比较醇厚，宜搭配一些口味较重的茶点如牛肉干、各类肉脯、果脯等。奶制品如奶酪、奶皮子、奶渣等，或含油脂较大的坚果，如椒盐花生、腰果、杏仁、核桃等

项目6　西式茶点的制作

茶点的制作应带有审美特征，一要适应茶性，二要有观赏性和品尝性，其最大特征应是品种多、制作技巧复杂、口味多样、形体小巧美观。

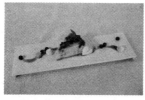 

任务6.1　红茶曲奇

名称：

红茶曲奇的制作要求与特点

适用课程：

茶点制作、茶艺服务与管理、茶营销与管理、茶艺馆经营与管理、茶道养生、饭店服务与管理、西点制作

关键词：

红茶曲奇、制作要求与特点

任务 6.1
红茶曲奇

教学目标：

知识目标	1. 掌握红茶曲奇的配方、制作要领； 2. 明确红茶曲奇设计中饼干配方比例，进行配方要素构思与设计； 3. 掌握红茶饼干中原材料的选择和制作工艺；进行饼干口味及造型的变化
技能目标	能够理论与实践相结合，完成红茶曲奇制作
思政目标	1. 培养学生相互协作及合作的意识； 2. 训练学生巧妙构思，提高学生的创新创业的技能； 3. 学生在自主的学习中领会红茶饼干的工艺要领，培养其精益求精的工匠精神； 4. 亲自制作红茶曲奇、通过成品展示及品尝获得认同感、成就感，体验劳动的快乐，建立信心，提升自身的专业能力及专业素养

涉及知识点：

原料及配方、设备器具、成品特点及用途

涉及技能点：

制作方法与步骤

知识详解：

一、原料与设备器具	
名称	用量（g）
原料	黄油 175 糖霜 85 鸡蛋 30 红茶 25 低筋面粉 200
设备器具	烤箱 多功能搅拌机 手柄刮板 裱花嘴 裱花袋 不黏烤布 粉筛 烤盘 电子秤

二、制作方法与步骤
（1）准备：称量准备好原料，低筋面粉、糖粉过筛备用； （2）搅打黄油：黄油解冻致软，和糖粉一起用慢速搅拌均匀，再用快速搅打至蓬松、颜色变浅； （3）加蛋：继续高速搅打，分次加入鸡蛋搅打均匀； （4）加粉：加入过筛的低筋面粉、红茶粉用低速拌匀即可； （5）成型：面糊装入齿形挤花袋，挤成大小一致的形状； （6）烘烤：上火 170℃，下火 150℃，时间 15～20 分钟，色泽金黄； （7）摆盘装饰

三、成品展示

四、作品质量检测
1. 欣赏：色泽金黄、花纹清晰、小巧精致； 2. 品味：红茶香与黄油的结合，茶清香、奶香味浓郁，口感酥脆； 3. 储存：常温密封保存

五、主题内涵总结评价	
主题创意来源	茶点饮食文化由来已久，茶既能给甜品带来不一样的风味特点，也能减弱甜品中的甜和腻，大部分茶和点心是分开的，如何把茶融入甜品中呢？因为红茶具有包容性强的特点，因此设计红茶曲奇产品，采用把红茶打成粉末状加入产品当中，既能体现红茶的风味特点，又保留曲奇风味特点及酥香口感，淡淡的茶香与奶香味的结合，既丰富了口感，茶又起到解除油脂的腻感，让我们的茶和点心更好地搭配，也是我们创新健康品质生活的体现
口感特点与用途	特点：营养丰富，外形美观，小巧精致，形状多样，口感酥脆松香，红茶与奶香黄油的结合，香甜而不腻，回味悠长，有较长保质期。 　　用途：下午茶茶点、休闲零食、餐后甜点、伴手礼等

任务 6.2 红茶布丁

名称：

红茶布丁的要求与特点

适用课程：

茶点制作、茶艺服务与管理、茶营销与管理、茶艺

馆经营与管理、茶道养生、饭店服务与管理、西点制作

关键词：

红茶布丁的要求与特点

教学目标：

任务 6.2
红茶布丁

知识目标	1. 了解红茶布丁的制作过程及制作要领； 2. 识记红茶布丁配方比例，进行配方要素构思与设计； 3. 了解红茶布丁原材料的选择和制作工艺
技能目标	能够理论与实践相结合，完成红茶布丁的制作并进行布丁口味及造型的变化
思政目标	1. 培养学生相互协作及合作的意识； 2. 训练学生巧妙构思，提高学生的创新创业的技能； 3. 学生在自主的学习中领会红茶布丁要领，培养其精益求精的工匠精神； 4. 通过成品展示及品尝获得认同感、成就感，体验劳动快乐，建立信心，提升自身的专业能力及专业素养

涉及知识点：

原料及配方、设备器具、成品特点及用途

涉及技能点：

制作方法与步骤

知识详解：

一、原料与设备器具	
名称	内容
原料	蛋黄 3 个 全蛋 2 个 白糖 90g 纯牛奶 300g 淡奶油 200g 红茶 15g

续表

设备器具	烤箱 电磁炉 电子秤 烤盘 滤网 喷火枪 蛋抽 不锈钢盆 布丁模具

二、制作方法与步骤
(1) 准备：称量准备好原料，红茶用温热牛奶、淡奶油提前 2 小时泡制出味道及颜色，过滤备用； (2) 调浆：蛋黄、全蛋加白糖用蛋抽搅拌均匀后，加入泡茶的牛奶、淡奶油搅拌均匀，使糖融化； (3) 过滤：和好的布丁料用滤网过滤； (4) 装模：倒入模具中 8 分满； (5) 烘烤：上火 150℃，下火 150℃，烤盘放水，放入装好的布丁烘烤 40～50 分钟致凝固，出炉冷切； (6) 喷焦糖：烤好的布丁表面撒一层白糖，用喷枪均匀喷上色； (7) 装饰：把烹好焦糖的布丁装饰装盘即可

三、成品展示

四、作品质量检测
1. 欣赏：色泽金黄略带焦黄、表面有光泽； 2. 品味：表面焦糖香甜脆香，里面布丁细滑，入口即化； 3. 储存：冷藏冰箱储存

续表

五、主题内涵总结评价	
主题创意来源	茶点的饮食文化由来已久，茶既能给甜品带来不一样的风味特点，也能减弱甜品中的甜和腻，大部分茶和点心是分开的，如何把茶融入甜品中呢？因为红茶具有包容性强的特点，因此设计红茶布丁产品，采用牛奶、淡奶油泡红茶，获取出红茶的风味，融入细滑的布丁料中，给人带来不一样清新淡雅的风味体验
口感特点与用途	特点：营养丰富，表皮一层焦香脆的焦糖，里面布丁嫩滑，入口即化，非常美味。 用途：下午茶茶点、餐后甜点、零点甜点、饼店产品、伴手礼等

任务 6.3　抹茶千层蛋糕

名称：

抹茶千层蛋糕的要求与特点

适用课程：

茶点制作、茶艺服务与管理、茶营销与管理、茶艺馆经营与管理、茶道养生、饭店服务与管理、西点制作

关键词：

抹茶千层蛋糕的要求与特点

教学目标：

任务 6.3
抹茶千层蛋糕

知识目标	1. 识记制作过程及制作抹茶千层蛋糕的要领； 2. 识记抹茶千层配方比例； 3. 了解抹茶千层蛋糕的原材料的选择和制作工艺
技能目标	能够理论与实践相结合，完成抹茶千层蛋糕的制作，能按照配方要素构思与设计千层蛋糕的口味及造型的变化
思政目标	1. 培养学生相互协作及合作的意识； 2. 训练学生巧妙构思，提高学生的创新创业的技能； 3. 学生在自主的学习中领会抹茶千层蛋糕要领，培养其精益求精的工匠精神； 4. 通过成品展示及品尝获得认同感、成就感，体验劳动快乐，建立信心，提升自身的专业能力及专业素养

涉及知识点：

原料及配方、设备器具、成品特点及用途

涉及技能点：

制作方法与步骤

知识详解：

一、原料与设备器具	
名称	用量（g）
原料	黄油　　90 白糖　　75 鸡蛋　　4 个 纯牛奶　　290 宇治抹茶粉　　15 低筋面粉　　105 淡奶油　　1000 白巧克力　　350
设备器具	电磁炉 8 寸平底锅 网架 切刀 不锈钢盆 冰箱 过滤网 抹刀 转台 电子秤 蛋抽 奶油搅拌机 汤勺
二、制作方法与步骤	

饼胚准备：

（1）准备：准备好原料，低筋面粉、抹茶粉过筛备用；

（2）调浆：将黄油放入锅中融化待用，将鸡蛋与白糖搅拌均匀，依次加入牛奶、过筛后的低筋面粉和抹茶粉、融化黄油并搅拌均匀；

（3）过滤：把浆料用滤网过滤；

（4）煎饼：锅内加少许油烧温热，倒入适量浆料摊开，煎成薄饼备用。

馅料准备：

（1）调奶油：淡奶油烧致 70～80℃冒烟状态，加入白巧克力，搅拌至白巧克力全部融化后放冷藏冰箱 8 小时以上；

（2）搅打奶油：冷藏好的液态奶油用搅拌机完全打发备用

千层蛋糕成型：
(1) 成型：一张饼抹一层薄奶油，依次类推，总共19张皮18层馅，表面及四周抹一层奶油；
(2) 定型：成型好的千层放冰箱冷冻2—3小时定型；
(3) 切配：把定型的蛋糕用刀分成8等分；
(4) 装饰装盘：蛋糕表面用奶油、水果、抹茶粉装饰摆盘即可

三、成品展示

四、作品质量检测

1. 欣赏：色嫩绿色，呈三角形，层次感强；
2. 品味：奶香味与抹茶味搭配，甜软绵密，入口细滑；
3. 储存：冰箱储存（百度）

五、主题内涵总结评价

主题创意来源	抹茶千层采用抹茶粉状加入产品当中，既能体现抹茶的风味特点及翠绿色泽，又能保留千层蛋糕本身口感，淡淡的茶香与奶香味的结合，既丰富了口感，茶又起到解除油脂的腻感，抹茶的色泽也让饼胚与奶油的层次感更加丰富清晰，让茶和点心更好地搭配，也是我们创新及健康品质生活的体现
口感特点与用途	特点：蛋糕营养丰富，层次清晰，清爽美观，清香可口，细滑绵软。 用途：下午茶茶点、餐后甜点、零食、饼店产品、伴手礼等

任务 6.4　抹茶脆皮泡芙

名称：

抹茶脆皮泡芙的要求与特点

适用课程：

茶点制作、茶艺服务与管理、茶营销与管理、茶艺

馆经营与管理、茶道养生、饭店服务与管理、西点制作

关键词：

抹茶脆皮泡芙的要求与特点

教学目标：

任务 6.4
抹茶脆皮泡芙

知识目标	1. 识记制作过程及制作抹茶脆皮泡芙要领； 2. 识记抹茶脆皮泡芙配方比例； 3. 了解抹茶脆皮泡芙原材料的选择和制作工艺
技能目标	能够理论与实践相结合，完成抹茶脆皮泡芙的制作，能按配方要素构思与设计，完成泡芙口味及造型的变化
思政目标	1. 培养学生相互协作及合作的意识； 2. 训练学生巧妙构思，提高学生的创新创业的技能； 3. 学生在自主的学习中领会抹茶脆皮泡芙要领，培养其精益求精的工匠精神； 4. 亲自制作抹茶脆皮泡芙，通过成品展示及品尝获得认同感、成就感，体验劳动快乐，建立信心，提升自身的专业能力及专业素养

涉及知识点：

原料及配方、设备器具、成品特点及用途

涉及技能点：

制作方法与步骤

知识详解：

一、原料与设备器具	
名称	用量（g）
原料	（1）抹茶脆皮： 黄油　　　　　　45 白糖　　　　　　30 低筋面粉　　　　55 抹茶粉　　　　　5 （2）泡芙面团： 黄油　　　　　　80 白糖　　　　　　12 水　　　　　　　200 盐　　　　　　　3 低筋面粉　　　　140 鸡蛋　　　　　　200 （3）抹茶奶油： 淡奶油　　　　　300 糖霜　　　　　　30 抹茶粉　　　　　20
设备器具	电磁炉 长柄深锅 面棍 手柄刮刀 不锈钢盆 烤箱 烤盘 裱花嘴 裱花袋 电子秤 奶油搅拌机 不黏烤布
二、制作方法与步骤	

（1）准备：准备好原料，低筋面粉、抹茶粉过筛备用；

（2）脆皮制作：将黄油解冻致软与白糖搅拌均匀后，加入过筛后的面粉、抹茶粉和匀揉成团备用；

（3）烫面：水、盐、糖、黄油一起烧开至黄油融化，加入过筛的面粉用面棍搅拌烫透面团；

（4）搅拌：将烫好的面团放入搅拌机打凉（温度在40℃以下），然后分多次加入鸡蛋充分搅拌均匀成无颗粒状面糊；

（5）成型：在烤盘中铺不黏烤布，将面糊装入圆口裱花袋中，挤成大小一致的圆形；

（6）烤前装饰：把脆皮面团用面棍擀成薄片，用圆形切模压成大小一致的圆形放在泡芙的正上方；

续表

(7) 烘烤：设置烤箱底火 190℃，面火 200℃，烘烤 25～30 分钟； (8) 打孔：待泡芙团冷却后，在泡芙底部用裱花嘴打孔备用； (9) 搅打奶油：将奶油、糖粉放入搅拌机一起搅打至完全起泡，最后加入过筛抹茶粉调匀； (10) 填馅：把打发好的奶油装入裱花袋从打好孔的底部挤入泡芙中； (11) 装饰装盘	

三、成品展示

四、作品质量检测

1. 欣赏：色嫩绿色，呈半圆球状，表面有裂纹；
2. 品味：奶香味与抹茶味搭配，表皮松脆，馅心入口细滑；
3. 储存：冰箱储存

五、主题内涵总结评价

主题创意来源	抹茶脆皮泡芙采用抹茶粉状加入产品当中，既能体现抹茶的风味特点及翠绿色泽，又保留泡芙本身口感，淡淡的茶香与奶香味的结合，既丰富了口感，茶又起到解除油脂的腻感，让茶和点心更好地搭配，也是我们创新及健康品质生活的体现
口感特点与用途	特点：脆皮泡芙外形美观，营养丰富，入口表皮松脆，内馅细滑，香甜可口，浓郁的抹茶清香味，非常美味。 用途：下午茶茶点、餐后甜点、零点、饼店产品、伴手礼等

任务6.5 茉莉花冻

名称：

茉莉花冻的要求与特点

适用课程：

茶点制作、茶艺服务与管理、茶营销与管理、茶艺馆经营与管理、茶道养生、饭店服务与管理、西点制作

任务 6.5
茉莉花冻

关键词：

茉莉花冻的要求与特点

教学目标：

知识目标	1. 识记茉莉花冻的制作过程及制作要领； 2. 识记茉莉花冻的配方比例； 3. 了解茉莉花冻原材料的选择和制作工艺
技能目标	能够理论与实践相结合，完成茉莉花冻的制作，能按照配方要素构思与设计，完成茶冻口味及造型的变化
思政目标	1. 培养学生相互协作及合作的意识； 2. 训练学生巧妙构思，提高学生的创新创业的技能； 3. 学生在自主的学习中领会茉莉花冻要领，培养其精益求精的工匠精神； 4. 亲自制作茉莉花冻，通过成品展示及品尝获得认同感、成就感，体验劳动快乐，建立信心，提升自身的专业能力及专业素养

涉及知识点：

原料及配方、设备器具、成品特点及用途

涉及技能点：

制作方法与步骤

知识详解：

一、原料与设备器具	
名称	用量（g）
原料	茉莉花茶　　30 白糖　　60 纯净水　　300 吉利丁片　　15 干茉莉花　　适量

续表

一、原料与设备器具	
设备器具	电磁炉 蛋抽 模具 滤网 锅 冰箱 电子秤 量杯 不锈钢盆

二、制作方法与步骤

（1）准备：称量准备好原料，水烧开放凉至 90℃加入茉莉花茶泡出味过滤备用；
（2）融化搅拌：吉利丁片用冰水泡软挤干水分放入茉莉花茶中融化，加入白糖搅拌均匀融化；
（3）装模：和好的液体倒入模具 4 分满，上面撒上几个茉莉花后放入冰箱冻凝固后，拿出倒入第二次冷却液体致模具 9 分满；
（4）定型：倒好的液体放入冷藏冰箱凝固即可；
（5）脱模：准备热水，定好型的茉莉花冻模具四周隔水化开，反扣取出；
（6）装饰装盘

三、成品展示

四、作品质量检测

1. 欣赏：色泽透明、外形美观，小巧精致，晶莹剔透；
2. 品味：口感 Q 弹细滑，入口即化，有淡淡茉莉香气，回味无穷；
3. 储存：冷藏储存

续表

五、主题内涵总结评价	
主题创意来源	茶点饮食文化由来已久，茶既能给甜品带来不一样的风味特点，也能减弱甜品中的甜和腻，大部分茶和点心是分开的，如何把茶融入甜品中呢？因为茉莉花茶具有独特清香花香的特点，因此设计茉莉花冻产品，采用茶汤制作产品，既能体现茉莉花茶的风味特点，又有晶莹剔透的外形，淡淡的茶香花香，既丰富了口感，茶又起到解除油脂的腻感，让我们的茶和点心更好地搭配，也是我们创新及健康品质生活的体现
口感特点与用途	特点：外形美观，小巧精致，晶莹剔透，口感Q弹细滑，入口即化，有淡淡茉莉香气，回味无穷。 用途：下午茶茶点、休闲零食、餐后甜点、伴手礼

任务 6.6　玫瑰芝士慕斯

名称：

玫瑰芝士慕斯的要求与特点

适用课程：

茶点制作、茶艺服务与管理、茶营销与管理、茶艺馆经营与管理、茶道养生、饭店服务与管理、西点制作

关键词：

玫瑰芝士的慕斯要求与特点

教学目标：

任务 6.6
玫瑰芝士慕斯

知识目标	1. 识记玫瑰芝士慕斯制作过程及制作要领； 2. 识记玫瑰芝士慕斯配方比例； 3. 了解玫瑰芝士慕斯原材料的选择和制作工艺
技能目标	能够理论与实践相结合，完成玫瑰芝士慕斯的制作，能按照配方要素构思与设计，完成慕斯口味及造型的变化
思政目标	1. 培养学生相互协作及合作的意识； 2. 训练学生巧妙构思，提高学生的创新创业的技能； 3. 学生在自主的学习中领会玫瑰芝士慕斯要领，培养其精益求精的工匠精神； 4. 亲自制作玫瑰芝士慕斯，通过成品展示及品尝获得认同感、成就感，体验劳动快乐，建立信心，提升自身的专业能力及专业素养

涉及知识点：

原料及配方、设备器具、成品特点及用途

涉及技能点：

制作方法与步骤

知识详解：

一、原料与设备器具	
名称	用量（g）
原料	（1）饼底 饼干碎　　　　200 融化黄油　　　60 （2）慕斯料 奶油芝士　　　125 淡奶油　　　　200 白糖　　　　　30 原味酸奶　　　60 吉利丁片　　　15 玫瑰酱　　　　40
设备器具	冰箱 电磁炉 慕斯模具 西餐刀 奶油搅拌机 长柄厚底锅 电子秤 蛋抽 不锈钢盆 保鲜膜
二、制作方法与步骤	
（1）准备：称量准备好原料，奶油芝士解冻备用，吉利丁片用冰水泡软，隔水融化备用； （2）饼底：饼干擀碎，加入融化黄油后铺入8寸蛋糕底一层，压实放冰箱冷冻5分钟； （3）打奶油：淡奶油搅打成6成发备用； （4）慕斯料：奶油芝士解冻致软，用蛋抽搅拌均匀微发至无颗粒状，分次加入已打发奶油、酸奶、玫瑰酱、融化鱼胶，搅拌搅匀； （5）装模：做好的慕斯料倒入铺有饼干底的模具中，抹平； （6）定型：把玫瑰芝士慕斯放入冷冻冰箱冻2~3小时定型； （7）脱模切配：把慕斯拿出，用喷枪喷周围，把蛋糕取出，用烫好的刀具切成三角形； （8）装饰：蛋糕表面用玫瑰酱进行装饰	

续表

三、成品展示

四、作品质量检测
1. 欣赏：色泽粉嫩，光滑细腻、呈三角形状； 2. 品味：慕斯入口细滑即化，芝士与玫瑰味互相交融，香脆的饼底口感层次丰富，美味可口，让人流连忘返； 3. 储存：冷藏冰箱储存

五、主题内涵总结评价	
主题创意来源	玫瑰芝士慕斯，采用玫瑰花制作的玫瑰酱，融入细滑的慕斯料中，既能体现玫瑰的风味特点，又保留芝士慕斯风味，增加蛋糕口感层次，也是我们创新及健康品质生活的体现
口感特点与用途	特点：慕斯入口细滑即化，酸甜可口，浓郁的芝士与玫瑰酱风味的结合，让人流连忘返。 用途：下午茶茶点、餐后甜点、零点甜点、饼店产品、生日蛋糕、伴手礼等

参考文献

[1] 吴建丽，佟彤. 中国茶［M］. 北京：中国轻工业出版社. 2011.

[2] 陈林，李丽霞. 茶文化传播［M］. 北京：中国轻工业出版社. 2015.

[3] 王旭烽. 饮中国—茶文化通论［M］. 杭州：浙江大学出版社. 2013.

[4] 张京. 中国长嘴壶茶艺［M］. 成都：四川科学技术出版社. 2010.

[5] 董存荣. 蒙山茶话［M］. 北京：中国三峡出版社，2004.

[6] 掺茶大师 de 神奇世界［N］. 四川工人日报，2009.

[7] 四川盖碗茶茶艺程式与技法. DB51T 2504－2018. 成都：四川省质量技术监督局，2018.

[8] 四川盖碗茶茶艺表演. DB51T 2505－2018. 成都：四川省质量技术监督局，2018.

[9] 长嘴壶茶艺程式与技法. DB51T 2506－2018. 成都：四川省质量技术监督局，2018.

[10] 长嘴壶茶艺表演规范. DB51T 2507－2018. 成都：四川省质量技术监督局，2018.

[11] 看四季的风景. 简单别致的红茶茶点［EB/OL］. https://www.douban.com/note/315217730/,2013－11－10.